前　言

PREFACE

这是一本帮助初学者了解和使用 Unreal Engine 制作 3D 游戏的入门教程，它具有以下特点。

1. 尽可能囊括了制作一个简单 3D 游戏需要掌握的各种基础能力，包括模型的使用、材质的调整、UI 的制作、蓝图代码的编写、动画的应用和简单 AI 的设置。市面上大多数图书会强调如何制作出精美的游戏画面或如何编写代码，而本书则尽量平衡各部分内容，非常适合独立游戏开发者。

   当然，这并不代表本书是一本“百科全书”。很多在影视特效中使用的内容，比如 Chaos（混沌）效果，或基础 3D 游戏中不常见的内容，比如光线追踪效果等，都被略过了。

2. 用制作一个完整游戏示例的方式将全部内容贯穿起来，减轻学习各部分内容的割裂感。

   随着 AI 技术的发展，相信在不远的将来游戏设计师将不再需要掌握那么多底层技术和操作技巧，届时游戏设计师对整体的把控能力与权衡能力就显得尤为重要了。因此本书并没有去堆砌操作案例。

3. 侧重讲解各部分内容背后的原理和思考方法。

   自 2014 年 Unreal Engine 4 发布以来，它经历了数量惊人的 27 个版本，最终发展为 Epic 公司第五代游戏引擎 Unreal Engine 5。即使不去回顾它都更新了些什么，我们也不难感受到这款游戏引擎的变化速度之快。因此死记硬背操作流程是没用的，下个版本面板的样子和各部分的功能可能就变了。但如果理解了要做什么、为什么要这样做，那就可以应对任何变化。

比起一本工具书，本书更像是引导大家去了解整个游戏制作过程中自己都在做些什么的指南。

因此笔者鼓励读者朋友们在学习本书的过程中多尝试、多摸索。例如在第 3 章用时间轴编写了一个左右移动的踏板，书中所用的方法是将时间轴 0 到 1 的输出值作为 alpha 值，用来不断改写 A、B 两点坐标线性插值的结果，并用它不停改变踏板的空间坐标。那为什么不直接让时间轴每隔一段时间增大或减小踏板的坐标呢？为了验证这个想法，我们首先要找到可以用来改变对象空间坐标的蓝图节点，因此可以在搜索框中用“Add”“Delta”“Location”等脑海中闪现出的关键词去搜索，结合节点的说明文本挑选出合适的节点。之后我们可能为了学习如何使用该节点而去搜索它的使用方法，再之后可能试验结果不尽如人意，我们会去思考最开始的想法哪里出了问题……每经历这样一个主动思考和尝试的过程，我们就会成长一点点。无论多么优秀的游戏设计者，其成就都是由这样成千上万的“一点点”累积起来的结果。

最后祝大家学习愉快，愿我们都能成为自己心中的那个虚幻世界设计师。

马殷雷

2024 年于中国广东

目 录

CONTENTS

第 1 章

初步了解 Unreal Engine 5

“

很多年前，当我们谈到“开发 3D 游戏”时，脑海中浮现出的大多是海量的代码工作。的确，制作一款游戏要把大量格式和来源千差万别的游戏素材组合在一起，因此每做一款游戏就要先搭建一套专用的工作框架（通称为引擎），这几乎是理所当然的事。

这一状况直到以 Unreal Engine 和 Unity 为代表的泛用游戏引擎开始被大量使用，才得以改变。这些泛用游戏引擎像一个个巨大的多功能装配工厂，任何人只要熟悉它们的操作流程并合理使用，就可以“装配”出自己的 3D 游戏。

”

1.1 看看 Unreal Engine 5 适合用来做什么

这个标题看上去似乎很多余，“Unreal Engine 5 适合做的当然是电子游戏啊”大概是很多读者朋友的心声。这虽然没错，但“电子游戏”这个概念太宽泛——像素风格的角色扮演游戏、电子小说类游戏、音乐节奏类游戏……这些都是电子游戏。那 Unreal Engine 5 更适合哪些游戏开发者使用呢？

1.1.1 Unreal Engine 5 的软件特色

首先，作为一款以精美的色彩和真实的光影作为主要卖点的引擎，Unreal Engine 5 即我们常说的“UE5”，在 3D 画面的展现能力上足以称得上以假乱真。因为这一点，它被很多影视工作室用来制作影视特效，例如在铺好绿幕的房间内布置前景道具、打上灯光，然后打开摄像机开拍即可。至于这是在什么时代、哪个场景中发生的故事，就由 Unreal Engine 5 的设计师说了算了（图 1-1）。

图 1-1

其次，Unreal Engine 5 可以模拟真实世界的大多数物理效果，例如碰撞中的作用力与反作用力、不同刚性程度物体的弹力，甚至物体破碎时混乱的碎片飞散效果。这使得它甚至可以被用来完成某些机器学习训练的课题，例如简单的自动驾驶训练（图 1-2）。

当然，绝大多数游戏并不需要机器学习那样复杂的 AI，因此为了满足游戏中简单 AI 的需求，Unreal Engine 5 提供了可视化、模块化的 AI 逻辑构建工具——行为树（Behavior Tree），游戏开发者可以像搭积木一样搭建某个 NPC（Non-Player Character，非玩家角色）的控制逻辑。与其类似的还有蓝图（Blueprint），被用来替代游戏制作中必不可少的编写代码环节，从而给开发者更直观的操作体验（图 1-3）。

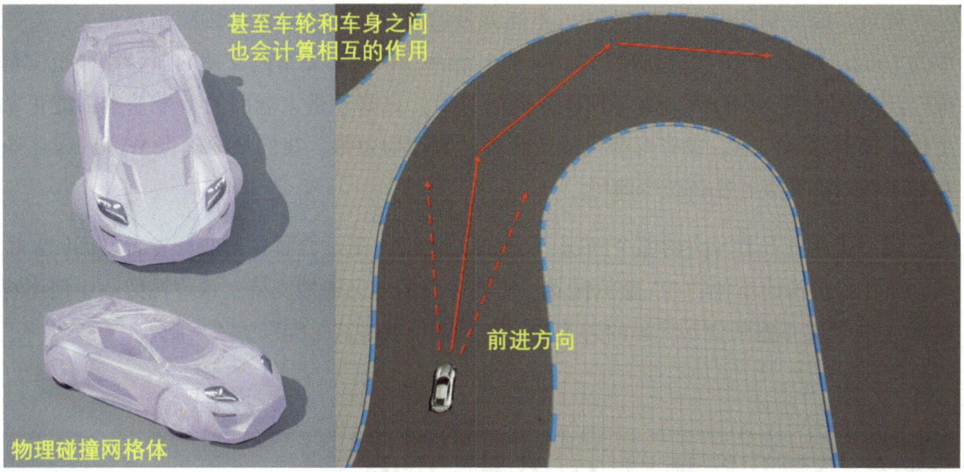

图 1-2

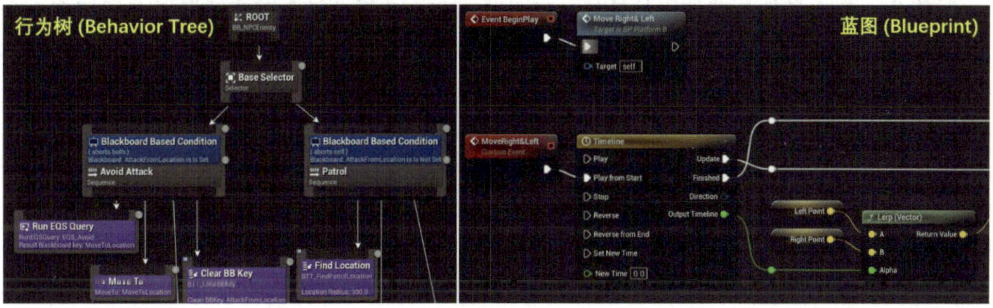

图 1-3

1.1.2 学习 Unreal Engine 5 的准备

学习使用 Unreal Engine 5 并不是一件轻松的事。正因为它功能繁多，当诸多功能交杂在一起，而游戏开发者恰好又对其中某个部分不太了解时，就很容易产生挫败感。而本书很重要的一个作用就是让使用 Unreal Engine 5 的游戏开发者在开发 3D 游戏时不再感到陌生。

需要指出的是，Unreal Engine 5 有诸多功能都是为制作 PC（Personal Computer，个人计算机）、PS5 和 XBox 平台的“大型游戏”设计的。当使用 Unreal Engine 5 制作手机游戏时，这些功能可能无法使用，或需要使用专为手机游戏设计的替代功能，两个流程相差较大。因此本书并不涉及手机端游戏的制作。

此外，游戏引擎对显卡有要求，不同型号的显卡对工作效果的影响相差很大。好在作为 Unreal Engine 5 代表功能的 Nanite 和 Lumen（详见第 2 章）支持的显卡型号范围都很广泛，无论是 NVIDIA 还是 AMD 系列的显卡，只要不是太老旧的型号基本都能正常工作。即使遇到问题，也有可替代的工具来达到近似效果。我们只要确保 Windows 系统和显卡驱动都升级到最新版本即可。

最后再回到本节开头的那个问题：Unreal Engine 5 更适合哪些游戏开发者使用呢？也许，只要是想构建精美的 3D 虚拟世界、需要完善的物理模拟支持、希望在游戏中使用特效和 AI，但又不擅长使用代码的游戏开发者，都可以是这个问题的答案吧。

1.2 下载和安装 Unreal Engine 5

作为一款有条件免费使用的软件，Unreal Engine 5 要求每个游戏开发者必须拥有一个 Epic 账号，并通过登录了自己账号的官方客户端 Epic Games Launcher 下载 Unreal Engine 5 及官方插件。因此，前往官方网站下载并安装 Epic Games Launcher 就是我们要做的第一件事。这里有必要提醒一下：在安装官方客户端时尽量选择可用空间大于 500 GB（最好是 1 TB）的硬盘。

1.2.1 使用官方客户端 Epic Games Launcher

运行 Epic Games Launcher 并登录自己的 Epic 账号后，便可进入客户端界面（图 1-4）。

1. 【Downloads】（下载）：当我们在客户端下载内容时，这里会显示当前下载进度。
2. 【Settings】（设置）：可以进行用户偏好设置，例如更换客户端语言。需要提醒的是，截至 2024 年 5 月，Epic Games Launcher 客户端对英文之外的语言的支持仍然不太完善，很多非官方素材的标题和详情页即使切换了使用语言仍然会以英文显示。
3. 【Unreal Engine】（虚幻引擎）：面向游戏开发者的内容板块，包含几乎所有虚幻引擎的官方内容，本书在接下来的操作中会将其作为打开客户端时的默认选项。
4. 【Marketplace】（虚幻商城）：可以购买大量优质游戏素材，例如成品模型、动画、粒子效果。这些素材被开发者称为 Assets（资产），妥善使用它们可以大大减少游戏制作的工作量。

图 1-4

5. 需要注意的是，根据 Epic 官方版权声明，在 Epic Games Launcher 中下载的任何付费资产和免费资产，虽然都可在 Unreal Engine 中导出并用第三方软件修改，但修改后的资产只能重新导入 Unreal Engine 使用。在其他游戏引擎中使用、导出后分发资产等行为，即便没有商业目的也会涉及侵权。

6. 【Library】（库）：在这里可以管理各版本的 Unreal Engine 软件与从【Marketplace】中下载的资产。

1.2.2 下载 Unreal Engine 5 的不同版本

单击【Library】可以看到图 1-5 所示的界面。

1. 【ENGINE VERSIONS】（引擎版本）：所有安装在本地计算机上的 Unreal Engine 版本都会显示在这里。版本号的含义较为简单，例如 5.1.1 为 Unreal Engine 5 的 1.1 版本，4.25.4 为 Unreal Engine 4 的 25.4 版本。

   值得一提的是，低版本引擎制作的项目直接转成高版本可能会出现无法预料的问题，因此如需要跨版本共享素材，应尽量从旧版本项目导出底层素材，例如 JPG 图片、FBX 动画等文件，再将其导入新版本项目重新编辑后使用。

   单击【ENGINE VERSIONS】旁的⊕便可安装新版本引擎。本书将基于 Unreal Engine 的 5.3.2 版本进行讲解。

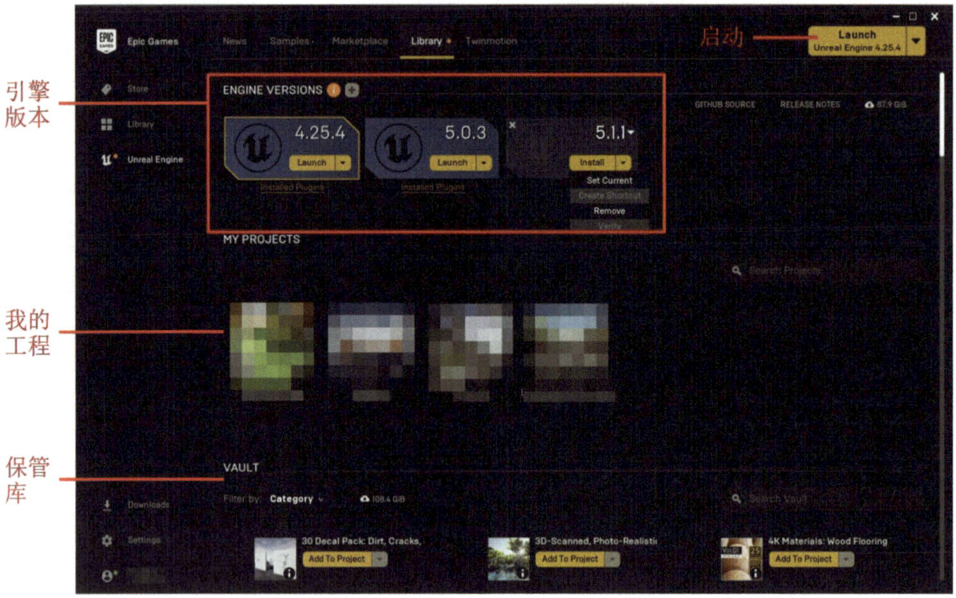

图 1-5

2. 【MY PROJECTS】（我的工程）：本地计算机上所有版本的 Unreal Engine 项目都会展示在这里。

3. 【VAULT】（保管库）：当我们在【Marketplace】中购买和免费获取游戏资产时，这些资产会被展示在这一栏。我们可以将资产添加进某个项目，或者将其删除。

4. 【Launch】（启动）：Unreal Engine 5 下载完成后，就可以单击【Launch】按钮来启动软件了。

1.2.3　修改保管库中下载资产的备份路径

保管库中所有游戏资产在计算机中的下载路径默认是位于 C 盘下的，因此当需要修改这一路径时，可以单击客户端左下角的【Settings】，找到【Edit Vault Cache Location】（编辑保管库缓存位置）一项，修改备份文件的存储路径，修改完成后可能需要重启客户端使其生效。如果在修改之前已经下载了一些资产文件，则可以在新路径生效后，将其剪切到新路径下的文件夹中。这一操作并不会影响之后对这些文件的使用。

1.3 新建游戏工程

对 Epic Games Launcher 客户端有一定了解后，让我们启动 Unreal Engine 5 正式开始游戏制作吧！

1.3.1 使用适合自己的游戏模板

启动 Unreal Engine 5 后首先会出现引导界面（图 1-6）。在【RECENT PROJECTS】（近期项目）中可以看到所有本地项目，当然首次启动软件时它只是个空白菜单。此时可以单击【GAMES】（游戏）切换到新建项目界面，并选择适合自己的模板。根据项目初始设置的不同，共有 7 种模板可选。

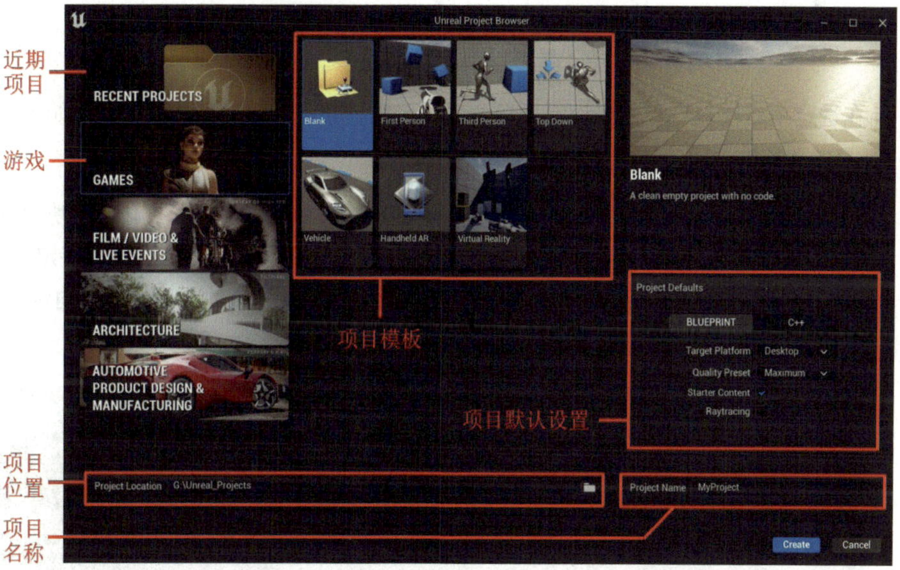

图 1-6

1. 【Blank】（空白）：仅提供基础文件，项目无任何初始设置，适合有经验的开发者制作自定义游戏。

2. 【First Person】（第一人称视角游戏）：在空白项目的基础上添加了第一人称视角的人物蓝图（关于蓝图的具体讲解请参见第 4 章）和基础动作，适合以射击游戏为代表的第一人称视角游戏。

3. 【Third Person】（第三人称视角游戏）：在空白项目的基础上添加了第三人称视角的人物蓝图和跑跳等基础动作，适合以角色扮演类游戏为代表的第三人称视角游戏。

4. 【Top Down】（俯视视角游戏）：在第三人称游戏项目的基础上把摄像机视角调整为俯视，默认运动控制器为鼠标，适合以策略类游戏为代表的俯视视角游戏。

5. 【Vehicle】（高级载具类游戏）：在空白项目的基础上添加了以键盘作为控制器的车辆蓝图（可切换第三人称视角与第一人称视角），适合各种赛车类游戏。

6. 【Handheld AR】（手持式 AR 应用）：在空白项目的基础上添加了增强现实类基础蓝图，适合以手机摄像头为媒介、与现实场景互动的各种 AR 类游戏或应用程序。

7. 【Virtual Reality】（虚拟现实）：在空白项目的基础上添加了匹配虚拟现实设备的基础人物蓝图和基础动作，适合各种 VR 类游戏。

1.3.2　了解新建项目的默认设置

在选定项目模板后，还需设定项目位置、名称，并完成项目默认设置。例如当我们选择【Blank】模板后，具体还需要考虑以下细节。

1. Blueprint / C++（蓝图 /C++）：蓝图是 Unreal Engine 专用的一种可视化、模块化编程语言，使用方式是将具备不同功能的节点以一定逻辑相连接，从而实现特定行为。例如图 1-7 中的简单蓝图就是在游戏一开始给“Chair”这个物体赋予一个向量为 (0, 0, 500) 的冲击力，模拟其被冲上天后掉下来的物理效果。

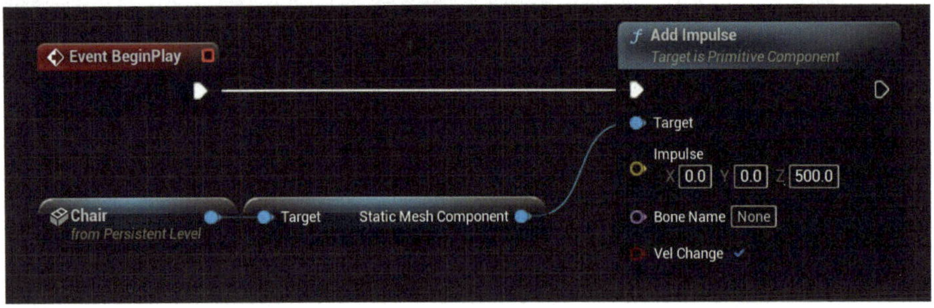

图 1-7

当然，作为用 C++ 预先搭建的模块，蓝图在灵活性上肯定要逊色于直接使用 C++ 语言。因此为了满足各类用户的需要，Unreal Engine 也提供了直接使用 C++ 编写游戏代码的选项。本书主要面向初学者，将使用蓝图作为游戏逻辑的编写工具。

2. Target Platform（目标平台）：选择游戏目标运行平台是 PC 还是手机等移动端，在项目建立完成后也可对其进行调整。

3. Quality Preset（质量预设）：是否将画质预设为最高画质。在项目建立完成后也可对其进行调整。

4. Starter Content（初学者内容）：是否为项目预添加一个官方初学者素材包。确定添加的话，我们后续可以在项目文件夹中找到一个名为 StarterContent 的文件夹，其中包括一些常用的材质、纹理图、3D 模型以及粒子特效等资产。首次新建项目时建议勾选。

5. Raytracing（光线追踪）：可以选择是否开启光线追踪功能。

以上所有设置（包括各模板中附带的内容）都可在新建项目后灵活添加或修改，因此初次接触的读者朋友不妨大胆尝试各种选择。最后在完成引导界面里的所有设置后，单击【Create】（生成），即可正式打开 Unreal Engine 5 的游戏编辑界面。

1.4 熟悉软件界面

新建一个空白项目，可以看到整个软件界面由很多部分组成（图 1-8），每个组成部分都被称为一个 Level Editor（关卡编辑器）。接下来让我们分别认识一下它们。

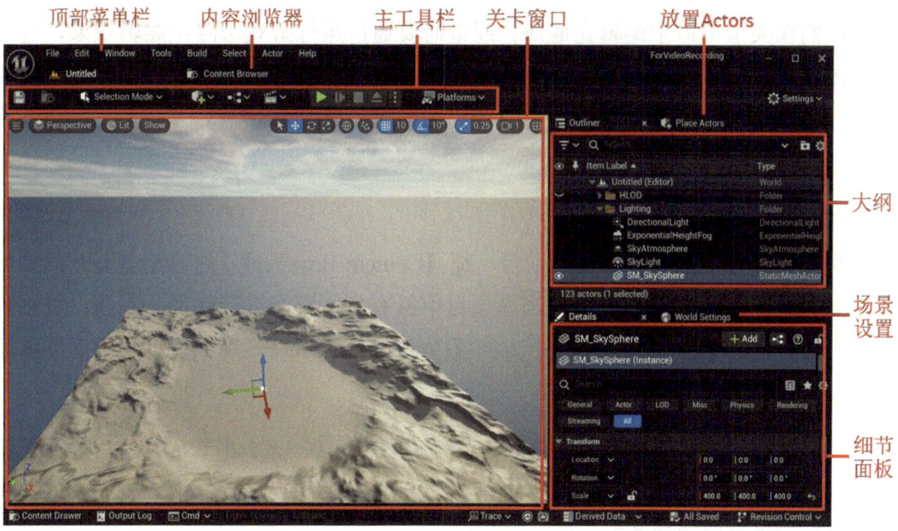

图 1-8

1.4.1　顶部菜单栏

在顶部菜单栏可以执行很多基础操作，例如在【File】（文件）→【Open Project】（打开项目）中切换至其他项目；在【Edit】（编辑）→【Editor Preferences】（编辑器偏好设置）中更改【Region & Language】（区域和语言），或启用一些【Plugins】（插件）；在【Window】（窗口）中打开被不小心关闭的各种窗口；等等。

1.4.2　关卡窗口

关卡窗口既是游戏开发者编辑的主要场景，也是游戏运行时玩家看到的主要画面，其重要性不言而喻。Unreal Engine 5 在任何情况下都需要有一个被打开的关卡窗口，该窗口无法关闭，且同一时间只能存在同一个关卡的窗口（可以同时打开关卡 A 的两个窗口，设置两个不同的观察角度）。

在关卡中放置各种各样的资产是制作游戏关卡的基础工作。这些资产有的是 3D 模型，有的是以 2D 图标来表示的光照、反射等抽象效果，也有包含蓝图的可编程对象等，所有这些被统称为 Actor。游戏开发者通过在关卡中设置或编写成千上万的 Actor 来制作游戏关卡。

1.4.3　主工具栏

当我们在关卡窗口中编辑完成后，通常需要通过运行游戏来测试编辑效果，这时就可以单击主工具栏中的按钮来运行当前关卡。当运行需要被终止时，则可单击按钮（或按键盘上的【Esc】键）。当需要保存当前关卡时，可以单击按钮。

1.4.4　内容浏览器

如果说关卡窗口是制作游戏的前台，那【Content Browser】（内容浏览器）就是可靠的后勤管理处，在这里我们可以对当前项目中所有可用资产进行移动、新建、复制、导入、导出等操作。单击顶部菜单栏下方的【Content Browser】，可以切换到内容浏览器界面，如图 1-9 所示。

1. 源面板：在这里可以查看当前项目中的所有资产。在 1.3.2 小节提到过可以在新建项目时选择为项目添加一个初学者内容包，此处高亮显示的 StarterContent 文件夹就是被添加进项目的初学者内容包。

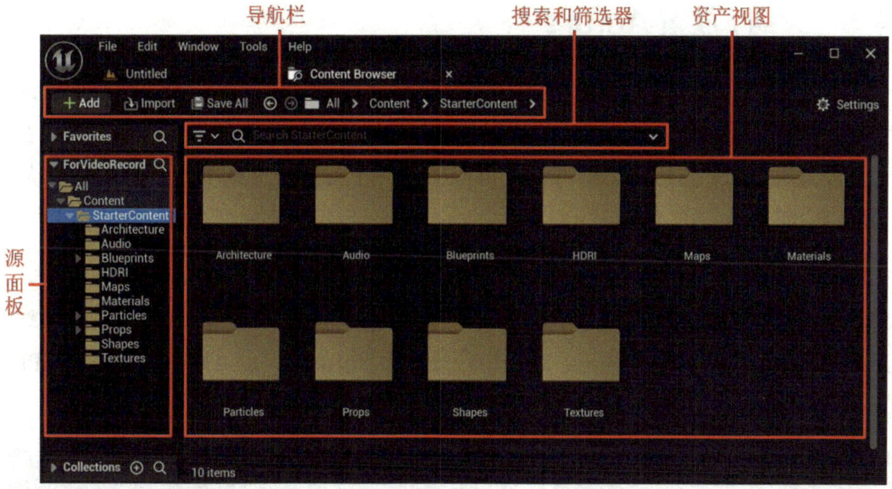

图 1-9

2. 资产视图：当在源面板中选定某个文件夹时，资产视图中会显示被选定文件夹中的所有可用资产。我们可以用拖放的方式把任意资产放置到关卡窗口中，也可以将资产拖放到源面板的其他文件夹中，进行资产的移动或复制等操作。

   在后续各章节的学习中，每当我们要新建一个资产（例如材质或蓝图等）时，都可以将鼠标指针放在资产视图的空白处，单击鼠标右键弹出快捷菜单，选择想要新建的资产类型。

3. 导航栏：当我们在源面板或资产视图中选中某个资产时，导航栏中会显示该资产的路径。此外，单击 Import 按钮，可以打开计算机的文件浏览器，选择想要导入项目中的资产，然后添加至当前项目中；单击 Save All 按钮，可以保存当前项目中所有被修改过的资产。

4. 搜索和筛选器：当资产太多而需要查找某些资产时，可以在搜索栏中输入关键字进行查找。当需要查看特定类别的资产时，可以单击按钮，在下拉菜单中选择资产类别，例如 Texture（纹理图），此时在该按钮右侧会出现一个纹理图的标签（图 1-10）。在纹理图标签被点亮的状态下单击源面板中的任何文件夹，都只能在资产视图中看到纹理图这一类型的资产。当不再需要查看特定类别的资产时，单击纹理图的标签将其关闭即可。

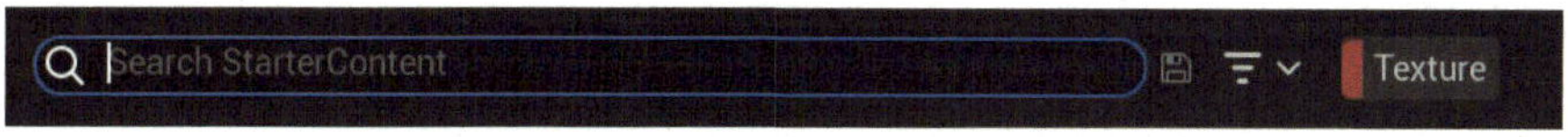

图 1-10

1.4.5 大纲 / 放置 Actors

【Outliner】（大纲）是关卡中所有 Actor 的展示大纲。每当开发者手动添加或系统自动生成一个新 Actor 时，在大纲中就可以找到这个 Actor 的名称和类型。我们可以在大纲中用文件夹对 Actor 进行归类整理，也可以查找并单击某个（或某几个）Actor，从而在关卡窗口中同步选中它（们）。

【Place Actors】（放置 Actors）并不常用，因此和大纲并列放置，单击可切换，其中包含一些在制作游戏时常用的 Actor（图 1-11a），可以通过拖放的方式直接添加到关卡中。此外，单击主工具栏的快速添加按钮弹出下拉菜单，也可以找到另一个【PLACE ACTORS】操作界面（图 1-11b），二者是完全一致的。

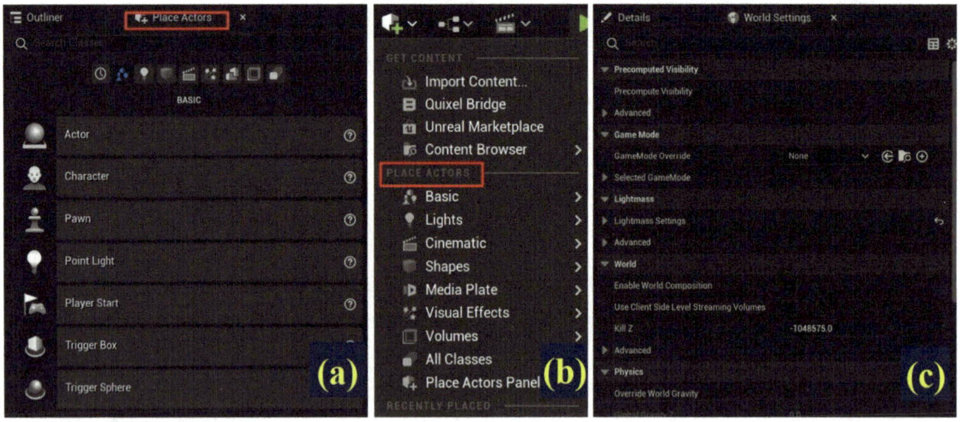

图 1-11

1.4.6 细节面板 / 场景设置

当我们在关卡窗口中单击（或在大纲中单击）任意 Actor 时，【Details】（细节面板）中会相应地显示被单击的 Actor 的详细信息，例如该 Actor 位于关卡的什么位置，使用什么材质，是否在游戏中开启碰撞检测等。

【World Settings】（场景设置）是另一个使用频率较低的编辑器，它包含一些关卡基本设置（图 1-11c），例如在【Game Mode】（游戏模式）中可以选用不同的游戏模式来改变游戏的初始运行方式。

1.5 在关卡中改变视角和挪动 Actor

在对 Unreal Engine 5 的软件界面有了一定了解后，相信很多读者朋友已经按捺不住要拿起鼠标开始往关卡里“扔”3D 资产了。但构建 3D 游戏就如同在建筑工地施工一样，人所在的地点和视线所及的范围将直接决定项目能不能正常构建。因此我们有必要先一起熟悉一下在关卡中如何改变视角和镜头位置。

1.5.1 编辑关卡时如何改变视角

1. 在窗口中任意位置滚动鼠标滚轮，可以拉近和拉远镜头。
2. 按住鼠标左键的同时拖动鼠标，可以在镜头所处的 *xy* 平面上自由移动。
3. 按住鼠标右键的同时拖动鼠标，可以让镜头位置保持静止并在 360° 球面上变换视角。
4. 按住鼠标滚轮的同时拖动鼠标，可以让镜头对准前方的同时随鼠标一起拖动。

当我们觉得拖动鼠标的速度太慢时，可以在关卡窗口顶部找到图 1-12 所示的工具栏，单击按钮并调节数字从而改变镜头移动速度。

图 1-12

1.5.2 移动、旋转和缩放 Actor

现在我们已经可以在关卡这片“工地”自由走动了，接下来需要了解如何“摆弄”工地上放置的材料——Actor。在制作游戏的过程中，通常会涉及以下几种基本操作。

1. 选择：单击任意 Actor，或在大纲中单击相应的 Actor。被选中的 Actor 边缘会被高亮标示（选中对象超出整个屏幕时，整个屏幕边缘会被高亮标示）。
2. 移动：被选中的 Actor 在原点处会出现图 1-13a 所示的箭头坐标系，其中红色表示 *x* 轴，绿色表示 *y* 轴，蓝色表示 *z* 轴。将鼠标指针放在任意轴上，按住鼠标左键同时拖动鼠标即可在该方向上移动 Actor；此外每两个坐标轴构成一个小平面，如将鼠标指针移动到小平面上，则这两个方向的坐标轴会同时被高亮标示，此时可在这两个坐标轴所处的平面上移动该 Actor；同理，如将鼠标指针和坐标原点重合，则可在整个三维空间中移动该 Actor。10cm 是默认的最小定量移动单位，如需调整，可单击图 1-12 中的按钮的【10】，在下拉菜单中选择更改，也可单击从定量移动切换成无距离限制的连续移动。

3. 旋转：选中一个 Actor，单击图 1-12 中的按钮选择旋转模式，此时在 Actor 原点会出现图 1-13b 所示的网格坐标系。与移动操作方法类似，将鼠标指针移动到任意坐标上即可在该处旋转该物体。10° 是默认的最小定量旋转单位，如需调整，可单击图 1-12 中的按钮的【10°】，在下拉菜单中选择更改，也可以单击从定量旋转切换成无角度限制的连续旋转。

4. 缩放：选中一个 Actor，单击图 1-12 中的按钮，此时在 Actor 原点会出现图 1-13c 所示的方头坐标系。与移动操作方法类似，将鼠标指针移动到任意坐标轴、任意平面或原点即可相应地缩放该 Actor。0.25 倍是默认的最小定量缩放单位，如需调整，可单击图 1-12 中的按钮的【0.25】，在下拉菜单中选择更改，也可单击从定量缩放切换成无倍数限制的连续缩放。

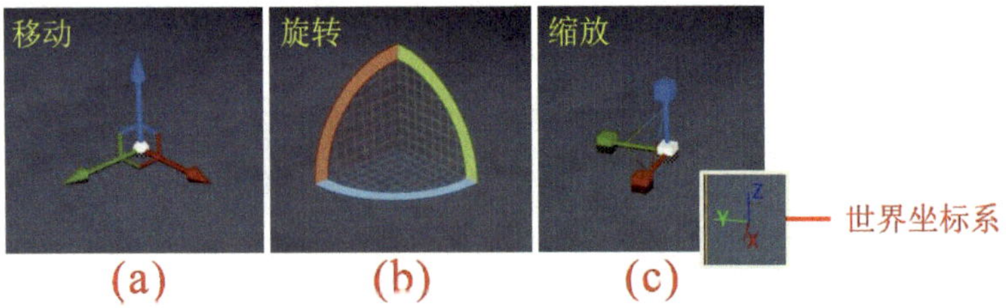

图 1-13

以上几种操作默认都以世界坐标系为方位基准，世界坐标系的方位可参见关卡窗口左下角的坐标（图 1-13c）。当游戏开发者希望以物体自身坐标系方位为基准进行移动等操作（例如旋转之后仍然想向物体前方移动一定距离）时，可以单击图 1-12 中的按钮，在世界坐标系和物体坐标系间切换。

此外，以上操作默认都是在透视视角下进行的，如需在固定视角（上、下、前、后、左、右）下进行移动等操作，则可在关卡窗口左上角单击【Perspective】（透视）弹出下拉菜单（图 1-14），在菜单中选择【ORTHOGRAPHIC】（正交）一栏中的任意视角。

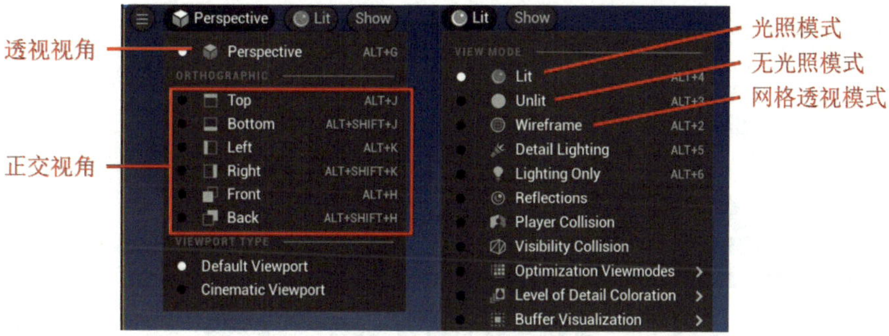

图 1-14

关卡的视觉效果默认是所有效果全开的【Lit】（光照）模式。如果需要观察无光照影响下的 Actor 材质，或通过网格透视审查当前关卡的 3D 资产复杂度，则可单击【Lit】弹出下拉菜单并切换为【Unlit】或【Wireframe】模式。

第 2 章

像搭积木一样建造游戏世界

在对软件界面有了初步了解后，相信很多读者已经迫不及待地要开始搭建自己梦想中的世界了。但是且慢！虽然在虚幻商城中可以很容易地下载各种资产，但如果对这些资产没有一定程度的了解就贸然使用的话，很可能发生一通埋头苦干后却问题百出只好推倒重来的悲剧。

因此在正式动工前我们有必要好好认识一下自己手中这些“积木”，了解它们是由哪些部分构成的、如何能看上去更美观，以及使用时需要注意些什么。

2.1 查看网格体模型

在上一章我们得知，Unreal Engine 游戏的每一个关卡都由成千上万个 Actor 组成，而这当中数量最为庞大的是组成游戏场景的各种 3D 模型，例如房屋、桌椅——由于这些模型是三维空间中组成特定多面体形状的【Vertices】（顶点）、【Edges】（边）和【Faces】（面）的集合，呈现出用三角形面搭建而成的网格状结构，因此一般被称为【3D Mesh】（3D 网格体）。这些网格体被拼在一起，最终呈现出游戏场景。

让我们拿一块“积木”来举个例子（见图 2-1）：在刚刚导入的资产（见前言说明）中找到带有天青色标签的 SM_Fence1——没错，Unreal Engine 还很贴心地为不同资产类型贴上了不同颜色的标签。

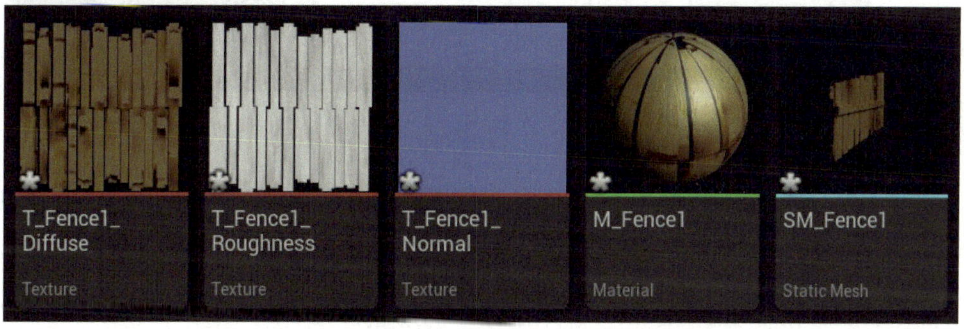

图 2-1

除了标签颜色，我们也能在图标底部直接看到该资产的类型 Static Mesh（静态网格体）。至于什么是静态网格体——Unreal Engine 基于 Mobility（移动性）将场景中的对象分成 Static（静态的）和 Movable（移动的），前者表示该物体在游戏中不可移动，例如墙，后者表示可以移动，例如篮球。

后面讲光照时会对这一概念进行更进一步的讲解，现在让我们先双击 SM_Fencel 打开该网格体的预览界面（图 2-2）。

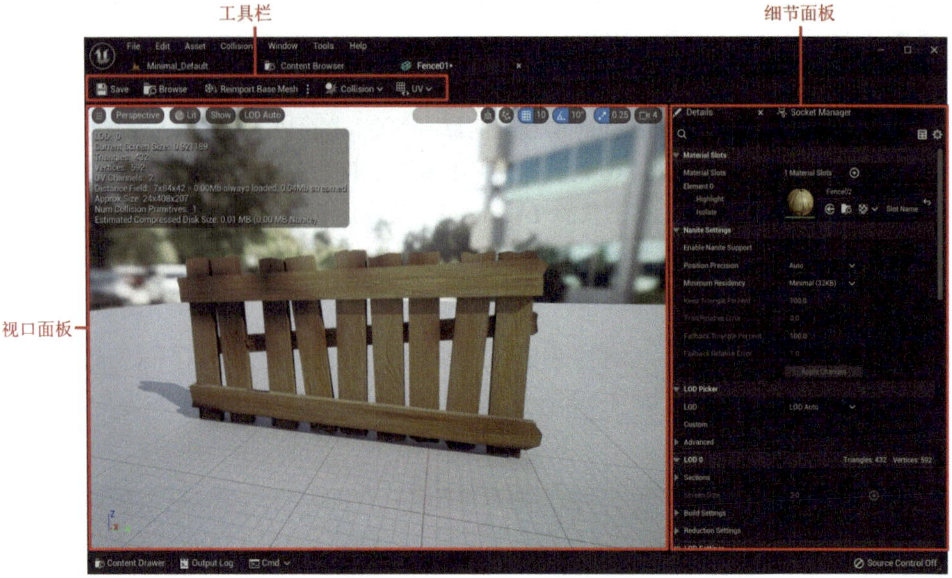

图 2-2

1. 工具栏：单击按钮保存当前网格体；单击按钮在内容浏览器中定位当前网格体的路径并选中它（在忘记某个网格体的路径时很有用）；单击按钮重新导入该网格体。
2. 视口面板：为我们提供了网格体在游戏中的预览效果。可以将鼠标指针放在面板范围内，用与在关卡窗口中相同的方式调整我们的视角（详见 1.5.1 小节）。与关卡窗口操作类似，我们还可以充分利用面板顶部工具栏来调整网格体或鼠标指针的移动速度等。

视口中的统计数据记录了关于网格体的 3D 基本参数，一些代表性参数和它们的含义如表 2-1 所示。

表　2-1

参　　数	描　　述
LOD（Level Of Detail，细致等级）	不同等级包含的不同比例的三角形面数（用来优化显示）
Current Screen Size（当前屏幕大小）	当前（摄像机镜头和物体之间）距离下物体所占屏幕的大小
Triangles（三角形面数）	当前网格体显示出的三角形面数
Distance Field（距离场）	数值越小越容易忽视网格体的重要外观特征，但网格体占用显存也越少

三角形面数是衡量一个静态网格体精致程度的主要参数。通常来说这个数值越大，网格体越精致，同时消耗的系统资源也就越多。当多到一定程度时，游戏帧数就会下降，发生俗称的“掉帧”现象，影响游戏流畅度。

3. 细节面板：显示静态网格体的细节参数，比如【Material Slots】（材质插槽）一栏存储着当前网格体的材质信息。所谓材质，是指附着于网格体表面用来表达材料属性的视觉效果。在 Unreal Engine 5 中，网格体的材质被存储在一个可编辑的独立文件中，通过单击按钮可以在内容浏览器中找到所使用的材质文件。当需要更换材质时，可以单击按钮卸载当前材质（材质文件卸载后网格体如图 2-3 右图所示），之后在内容浏览器中选中想要使用的材质文件，然后单击按钮即可将其加载至材质插槽中。

图 2-3

2.2 使用 PBR 材质“包装”网格体

一个高质量的 3D 网格体，一半靠建模，一半靠材质。如果我们仔细对比图 2-3 中左右两张图，就能发现当去掉材质文件后，网格体失去的不仅仅是颜色，还有作为木材的凹凸感和光的反射效果。

Unreal Engine 5 所使用的这种以光线传播的物理学原理为基础来呈现视觉效果的材质，通常被称作 PBR（Physically Based Rendering，基于物理的渲染）材质。虽然 PBR 材质的诞生可以追溯至 20 世纪 80 年代，但它趋于成熟并被广泛应用在游戏中则是 21 世纪的事了。在这之前的游戏中，材质通常被分为反射材质和非反射材质两类，物理模拟效果很单薄。随着以显卡为代表的计算机硬件的运算能力不断提升，人们意识到其实所有物体都可以用反射类材质来表达视觉效果，我们需要的只是更细分的物理参数。

让我们找到栅栏的材质文件 M_Fence1 并打开它，进入材质编辑器界面（图 2-4）。

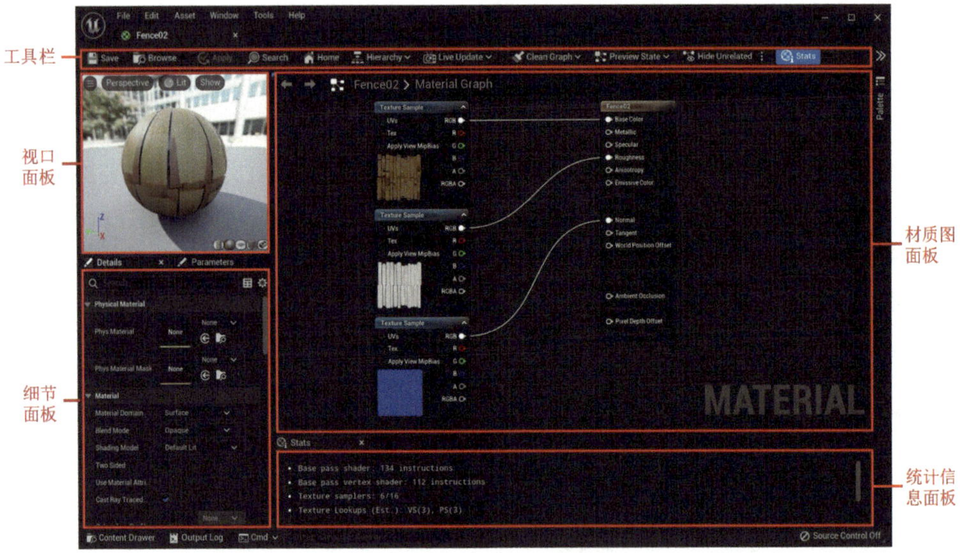

图 2-4

1. 工具栏：在材质编辑器界面进行的任何调整，都需要单击【Apply】（应用）或【Save】（保存）使其生效。

2. 视口面板：预览当前材质的视觉效果。同样地，我们仍然可以用与关卡窗口中相同的方式调整视角，从而对预览效果进行全方位的观察。

3. 材质图面板：材质编辑器的核心。在这里可以调用具备各种功能的节点，有些节点可以读取纹理图的 RGB 值，有些节点可以调取关卡中某个位置坐标的矢量，有些节点可以对数值进行数学运算……在经过一系列对节点的计算后，我们将生成的数据联入主材质节点中，得到最终视觉效果。在图 2-4 中，联入主材质节点的只有来自【Texture Sample】（纹理取样器）的 3 组数据。

4. 细节面板：当材质图面板中没有任何节点被选中时，此处显示当前材质的基本信息；当选中任一节点时，此处显示该节点的参数信息。

5. 统计信息面板：用几组统计数据来评估当前材质所占用的系统资源的量，一定程度上可以看出该材质的复杂程度。

主材质节点是各种材质信息的最终汇聚之所，节点左侧有很多圆孔，每一个圆孔我们称之为一个 Pin（引脚）。由于主材质节点的特殊性，它只有用来接收数据的引脚，我们称其为 Input Pin（输入引脚）。在纹理取样器这类普通节点上还有负责输出数据的 Output Pin（输出引脚）。

主材质节点上的引脚就是用来表达材质视觉效果的各物理属性，常用的如表 2-2 所示。

表 2-2

Input Pin（输入引脚）	描　述	取值范围
Base Color（基础颜色）	由 RGB 通道来描述的基础颜色	0 到 1，默认为 0
Metallic（金属感）	金属质感的强弱	0 到 1，默认为 0
Specular（高光度）	反光量的大小	0 到 1，默认为 0.5
Roughness（粗糙度）	是光滑（反光）还是粗糙（不反光）	0 到 1，默认为 0.5
Emissive Color（自发光）	自身发光程度	0 到 +∞，默认为 0
Normal（法线）	表面的凹凸方向及凹凸度	–1 到 1，默认为 0
Ambient Occlusion（环境光遮挡）	表面在柔光包围下的细节阴影	0 到 1，默认为 0

这里出现了很多新名词，为了便于理解，让我们试着先后把【Metallic】设置为 0 和 1，然后观察会发生什么。为了实现“设置”这个操作，我们首先需要一个包含“数字”的节点，这个节点可以通过以下两种常用方式调取。

1. 鼠标指针在任意空白处时单击鼠标右键，在弹出的下拉菜单中找到【Constants】（常量）→【Constant】并选中。

2. 按住数字键【1】，鼠标指针在任意空白处时单击鼠标左键。调出的常数节点如图 2-5 所示。

图 2-5

这是非常直白的节点，我们一看就知道它表示数值 0，把它联入【Metallic】中看看预览效果有什么变化。再选中该数字节点，把【Value】（值）改为 1，又有什么变化？

可能有的读者会有“为什么非要是 0 和 1？其他数字不行吗？”的疑问，事实上 Unreal Engine 的材质编辑器中绝大多数物理属性的取值范围都是 0 到 1，我们不妨将其理解成人为规定。例如【Metallic】的 0 表示“非金属”，1 表示“金属”；【Roughness】的 0 表示“绝对光滑”，1 表示“绝对粗糙”（图 2-6）。这与其他软件中出现的例如 0 到 255 之类的取值范围并不矛盾，它们本质上是相同的。像这种用单一数字来区分显示效果的物理属性还有很多，例如【Specular】【Ambient Occlusion】，以及后续在使用半透明材质时会用到的【Opacity】（不透明度）等。

图 2-6

我们再试着把刚才的 0 和 1 联入【Base Color】，会发现 0 表示“黑色”，1 表示“白色”，如果再进一步尝试 0 到 1 之间的小数，会得到不同程度的灰色。与金属感不同，我们虽然给基础颜色的赋值是一个数字，但其实它是被当作一个三维数组 [0, 0, 0] 来处理的，当赋值为小数时也一样，例如 [0.5, 0.5, 0.5]。

之所以需要这么做，是因为 Unreal Engine 与绝大多数图像处理软件一样，采用 RGB 三通道混合的方式计算并生成颜色。【R】表示红色，【G】表示绿色，【B】表示蓝色。当 3 个通道的数值相同时，最终颜色呈现出白色、黑色或灰色。

那我们可不可以把【Base Color】设置为 3 个不同的数值组成我们想要的颜色呢？当然可以。我们用调取一维常数【Constant】节点的方式调出【Constant 3Vector】这个三维常数节点（快捷方式是按住数字键【3】，在空白处单击鼠标左键）。如图 2-7 所示，我们可以在节点或它的细节面板中分别设置 3 个不同的数值，从而组成我们想要的颜色。

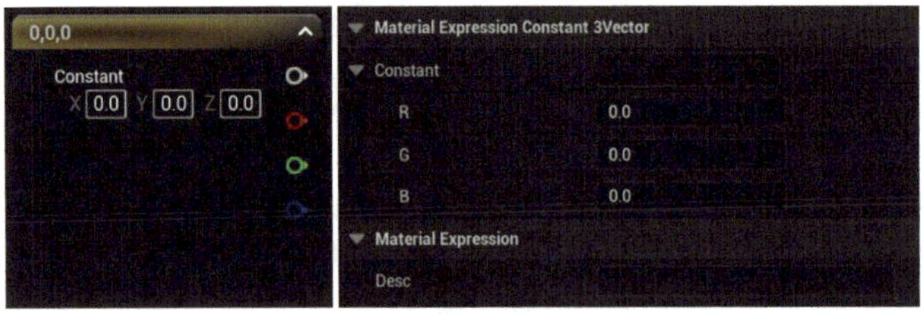

图 2-7

需要注意的是，法线作为一个特殊的三通道属性，它 3 个通道的数值并不代表颜色，而是用来表示以空间坐标 (*R*, *G*, *B*) 计算的三维空间中的法线朝向。由于方向有内有外，法线的取值范围是 –1 到 1。当法线为 0 时，表示“绝对平整”，即没有任何凹凸。

以上就是我们对 PBR 材质一个初步的认识。但是，虽然讲了这么多内容，图 2-4 中联入主材质节点的根本就不是刚刚讲的数字节点，而是【Texture Sample】（纹理取样器），这又是什么呢？

从它的名字不难猜到，该节点调用了“纹理图”输入给主材质节点。至于什么是纹理图——大家可以把没有材质的 3D 网格体想象成一块黑色巧克力，为了能把这块巧克力卖出去，我们需要一张好看的糖纸把它包起来，这张糖纸就是纹理图（Texture）。我们可以双击打开网格体 SM_Fence1 的配套纹理图 T_Fence1_Diffuse，进入图 2-8 所示的纹理资产编辑器进行查看。

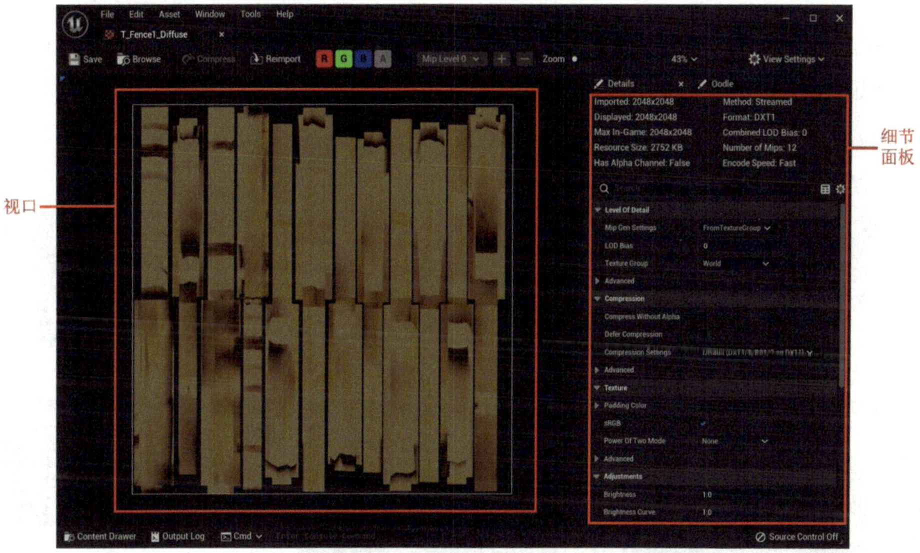

图 2-8

1. 视口：可能有的读者朋友第一眼会觉得这张纹理图看上去很奇怪，这是因为它们是纹理图平铺时的状态。UES 中使用的纹理图的边长为 2 的 *n* 次方，以便系统为其自动生成缩略图。

2. 细节面板：通过面板顶部的【Max In-Game】（游戏中最大）我们可以了解到这张纹理图在游戏中的最大分辨率，以及可以通过【Resource Size】（资源大小）来了解当它被加载时会占用多少显存。

【Texture Sample】节点就是把这样一张张表示不同物理属性的纹理图“叠起来”包在网格体外，才展现出我们在本章一开始看到的 PBR 材质的网格体。

2.3 进一步“美化”网格体的材质

如果有读者朋友觉得材质编辑器的作用只是把纹理图包在网格体外，再给金属感、高光度赋值，那就太小看它了。我们可以用功能各异的节点编写数学运算流程，从而大幅改变纹理图的外貌。来一起看几个常见用法吧！

2.3.1 改变材质颜色

在编辑材质时，颜色常常是最优先考虑的属性。如果我们想要在原有纹理图的基础上表现颜色有别于原图的材质，如图 2-9 所示，通常有以下几种方式。

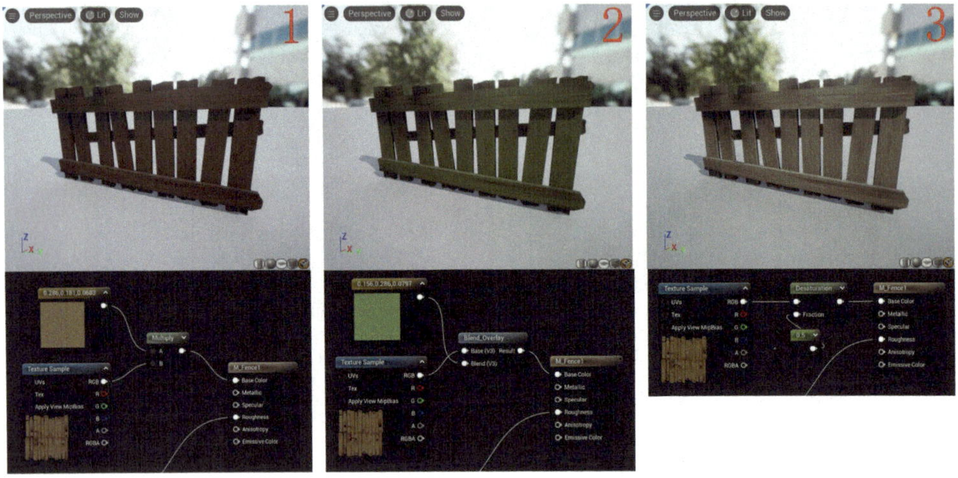

图 2-9

1. 用【Multiply】将纹理图和颜色相乘：相当于对纹理图的每个像素乘以了一个颜色数值，使纹理图颜色加深。

2. 用【Blend_Overlay】将纹理图和颜色混合：与【Multiply】类似，【Blend_Overlay】也可以将两种颜色混合，但混合方式要复杂很多。搜索“Blend”可以找到除了“Overlay”之外的混合方式，它们的效果各不相同。

3. 用【Desaturation】处理纹理图的饱和度：和前两个方法不同，我们通过设定【Desaturation】的【Fraction】参数为 0 到 1，使纹理图的颜色饱和度降低 0% 到 100%。

在实际制作游戏的过程中，我们可以将这 3 种方法混用，以达到理想的效果。

2.3.2 调整纹理图的尺寸和位置

在制作游戏的过程中我们通常会遇到两类纹理图，一类针对某个网格体“印刷”出来的专用纹理图；另一类则是适用于任何物体表面的通用纹理图——不妨把它们想象成工厂批量生产的包装纸，经过简单裁剪就可以用来包装任意网格体。我们在内容浏览器的 StarterContent → Textures 文件夹下可以找到很多系统自带的通用纹理图。

以 T_Brick_Hewn_Stone_D 这张纹理图为例，在材质编辑器中可以通过以下两种方式来调用。

1. 直接把该文件从内容浏览器中拖入材质编辑器，会自动生成一个新的【Texture Sample】。
2. 在已有【Texture Sample】细节面板的【Material Expression Texture Base】→【Texture】中将加载的纹理图替换为目标纹理图。

由于是通用的，有时纹路的尺寸就会显得不太合适——好在这个大小是可以通过【Texture Sample】的【UVs】引脚来调整的。我们可以通过【Texture Coordinate】节点，在保持包装大小不变的前提下，成倍放大或缩小印在它上面的图案（图 2-10a）。我们甚至可以用【Component Mask】来拆分【Texture Coordinate】的两个通道，让其在横轴和纵轴上分别放大、缩小不同数值，之后再用【Append】将拆分开的两个通道合并在一起，以此调整纹理图的长宽比（图 2-10b）。

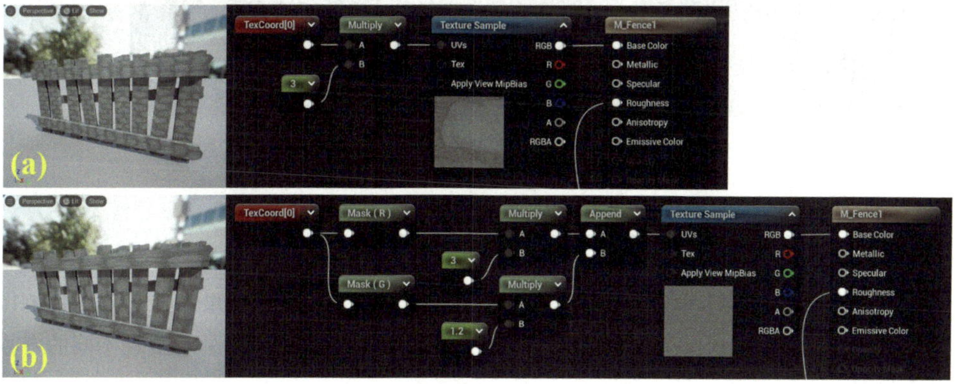

图 2-10

2.3.3 混合多种颜色来增加层次感

有时候我们会发现，仅仅一张纹理图很难表达出想要的视觉效果，例如平日里我们会看到墙面长着青苔、地面沾有污渍等。这时不妨试试用【Linear Interpolation】节点（简称【Lerp】）将原有的专用纹理图和另一张青苔通用纹理图混合起来使用。

在内容浏览器的 StarterContent → Textures 文件夹中找到青苔通用纹理图 T_ground_Moss_D，让我们来试着把它和栅栏的专用纹理图 T_Fence1_Diffuse 混合使用。此时如果我们用 2.3.1 小节中所讲的混合方式，只能得到一个既像木头又像青苔的平均混合图，很显然这不是我们想要的——我们需要材质在一些位置只展示原纹理图，另一些位置只展示青苔。

而能帮我们实现这个功能的节点就是【Lerp】，它用 A 表示，当混合参数 Alpha 为 0 时所显示的输入内容，用 B 表示当 Alpha 为 1 时所显示的输入内容。Alpha 可以是单一常数，例如当其为 0.5 时则输出 A 和 B 的输入内容各一半，此时的效果基本等同于 2.3.1 小节所讲的混合效果。Alpha 还可以是一张灰度图，此时输出效果便会按照灰度图的黑白区域来区分显示 A 和 B 的输入内容（图 2-11）。

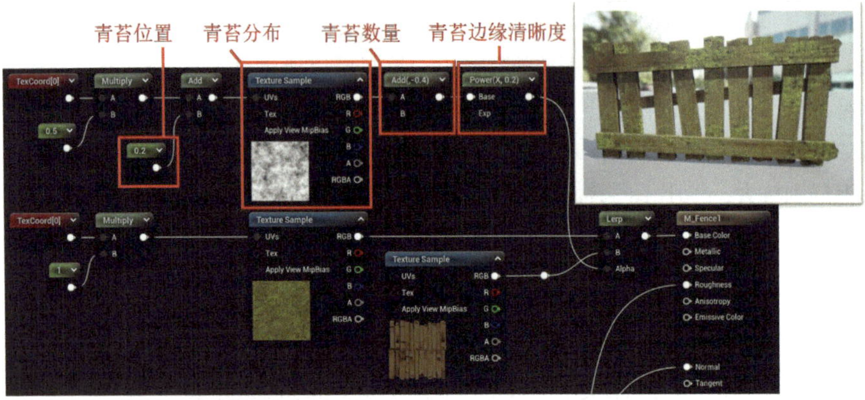

图 2-11

2.3.4 让材质在场景的不同位置产生变化

我们注意到图 2-11 中有一个参数是用来控制青苔的位置的，如果在游戏场景中有 10 个不同的栅栏，只要给这个参数加上（或减去）一个随机数，就能得到 10 种不同的青苔分布位置。

事实上在制作游戏的过程中，我们经常把网格体的 3 个空间坐标数值简单运算后当成随机数来使用——因为空间中每个网格体的位置都是唯一的。于是我们可以用【Actor Position】节点（搜索时可能显示为“Actor Position WS”）获取 Actor 所处的空间坐标 (x, y, z)。由于纹理图是平铺的二维图像，只需要 U、V 两个坐标，我们没办法直接把三维坐标联到【UVs】这个二维数值引脚，因此可以用【Component Mask】来选用前两个通道（R 表示 x 坐标，G 表示 y 坐标），并用【Component Mask】替代图 2-11 中的“青苔位置”这一参数（图 2-12）。

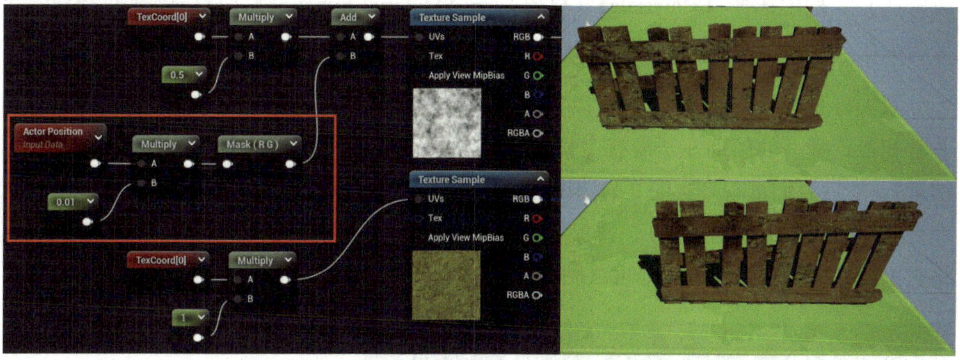

图 2-12

可以看到当 Actor 位于地面上的不同位置时，栅栏上青苔的花纹也不同。

到目前为止这些操作都是应用在基础颜色上的，显然我们也可以对粗糙度或法线进行类似的混合。当青苔没有合适的粗糙度纹理图时，考虑到大面积草本植物在干燥状态下一般反光度都很低，我们可以简单地用常数 0.9 或者 1.0 来替代它的粗糙度，联入混合节点。

这些常见的材质节点用法并非相互独立的，在实际制作游戏的过程中，我们不妨大胆地把不同用法结合起来，看看能得到怎样的效果。

2.4 简化材质的编写与使用过程

随着材质视觉效果越来越好，编写材质所需要的时间也越来越长。其中包括诸如重复编写类似节点实现相同功能、在编辑器和场景间来回切换查看参数效果等无意义的工作。针对这些问题，我们可以使用以下两种方法来提升工作效率。

2.4.1　将材质节点“打包”

例如我们在 2.3.3 小节的最后用一组节点联到【Lerp】的【Alpha】引脚，成功混合了两张纹理图，现在除了 SM_Fence1，我们也想把它用在 SM_Fence2 的材质中。此时我们就可以使用【Material Function】（材质函数）来“打包”我们想要重复使用的功能，这样每当我们需要用到它时，只需调出这一函数即可。

首先我们在内容浏览器的空白处单击鼠标右键，在【Create Advanced Asset】（创建高级资产）一栏中选择【Materials】（材质）→【Material Function】（材质函数）新建一个材质函数，给它起名为 MF_Mixer。

双击打开 MF_Mixer，我们可以看到材质函数编辑器的界面与普通材质编辑器的界面非常相似，唯一的区别在于没有主材质节点，取而代之的是一个【OutPut Result】（输出结果）。之后我们重写一次图 2-11 中联至【Lerp】的【Alpha】引脚的内容（或用 Ctrl + C 和 Ctrl + V 快捷键复制粘贴），再保存，即可完成“打包”。之后每当我们需要调用它时，将它拖入目标材质编辑器中即可（图 2-13）。

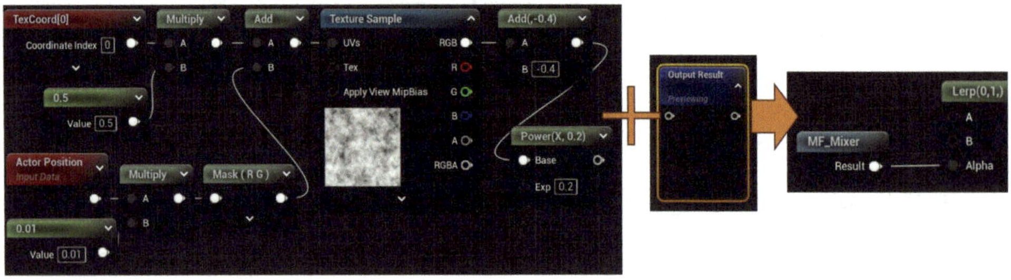

图 2-13

虽然我们成功将一众节点打包，但同时我们也失去了调整参数，甚至更换灰度图的自由，有些得不偿失。为了两者兼得，我们还需要在 MF_Mixer 的编辑界面中加入几个【Function Input】（函数输入）节点来替代各个数值参数，并在细节面板中将其【Input Type】（输入类型）改为【Scalar】（标量），最后改一下每个函数输入节点对应的输入名称（图 2-14）。

数值参数的问题解决了。至于灰度图，我们可以用一个输入类型为【Texture2D】（2D 纹理图）的输入节点联至纹理图的【Tex】引脚，再复制一个【Texture Sample】，并单击鼠标右键将其转换为【Texture Object】（纹理对象），最后把纹理对象连至 2D 纹理图输入节点的【Preview】（预览）引脚。

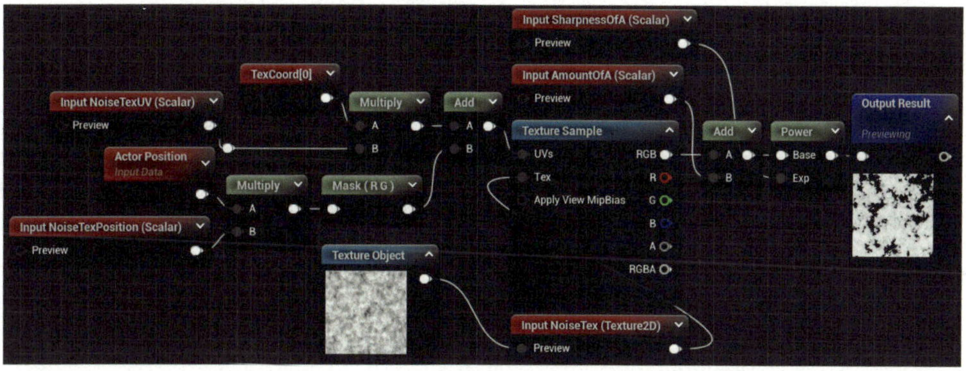

图 2-14

关于纹理对象，可以理解为函数的输入必须要有一个默认值（不能为空），标量的默认值都是 0，但纹理图只有通过一个纹理对象才能获得默认值（这里随便调取一张纹理图也可以）。

再回到目标材质编辑器中，可以发现我们的材质函数节点“变胖”了不少（图 2-15）。相应地，我们需要为每个新增的引脚填入所需的数值。

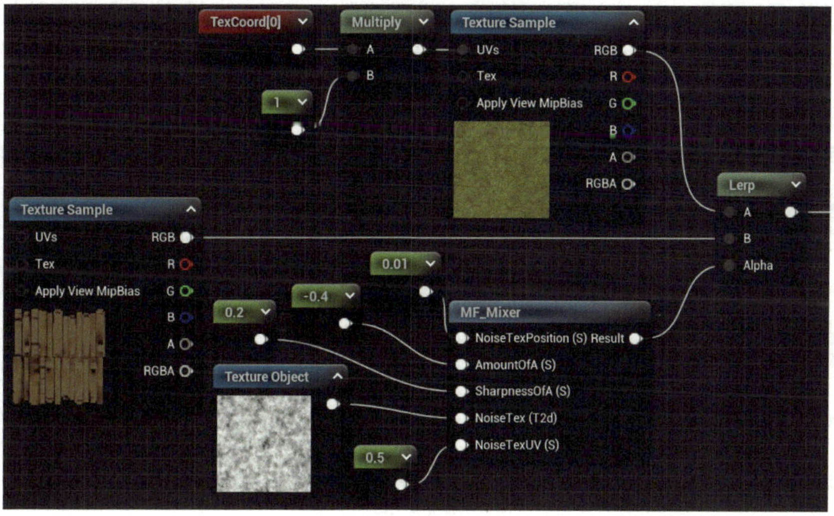

图 2-15

当我们需要在其他材质中使用材质函数时，除了直接将它拖进材质编辑器，还可以在函数的编辑界面单击任意空白处，并勾选细节面板中的【Expose to Library】（公开到库）。

这样我们便可在编辑其他材质时，直接通过单击鼠标右键查找到这个函数（图 2-16），从而更方便调用。

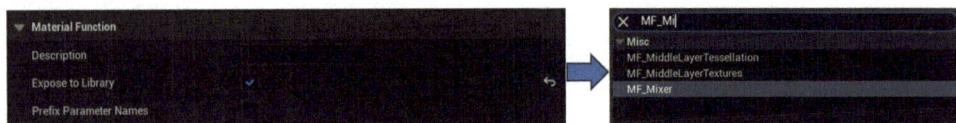

图 2-16

2.4.2　将除了参数以外的整个材质“打包”

尽管我们节省了重复调用材质函数的时间，但每当在新材质中调用它时，我们仍然需要尝试不同参数的值——参数调整当然不可避免，不过每改一次就要点一次保存，再去场景中看效果，实在是浪费时间。于是【Material Instance】（材质实例）应运而生。

通过材质实例，我们可以把参数以外的所有节点预包装好，生成一个“半成品”材质，再把这个半成品材质用在网格体上。当我们调节它的参数时，视觉效果便会进行流畅的实时反馈。

首先我们需要在材质中标注出需要调节的参数。以图 2-15 中材质函数的数值为例：选中任意数值节点，单击鼠标右键，在下拉菜单中选择【Convert to Parameter】（转换为参数），给参数起个名字。当对象是纹理图时，同样可以将其转换为参数（图 2-17）。

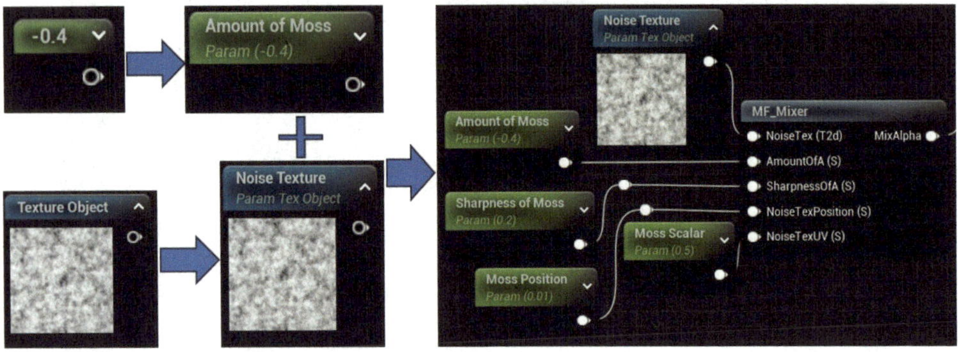

图 2-17

为了便于管理参数，我们还可以在参数的细节面板中输入一个【Group】（分组）名，把一些参数归类在一起。首次命名某个分组需要直接输入名字，以后在下拉菜单中便可直接选择分组。

参数化完成后，接下来就是材质实例的生成和使用了。在内容浏览器中找到材质 M_Fence1，单击鼠标右键，在下拉菜单中选择【Create Material Instance】（创建材质实例）→给材质实例起个名字。

之后双击材质实例打开材质实例编辑器，当我们需要调节参数时，只需在【Parameter Groups】（参数组）中勾选启用该参数，然后在其数值框中按住鼠标左键，左右来回滑动，相应的视觉变化效果便会实时反馈在预览窗口中（图 2-18）。

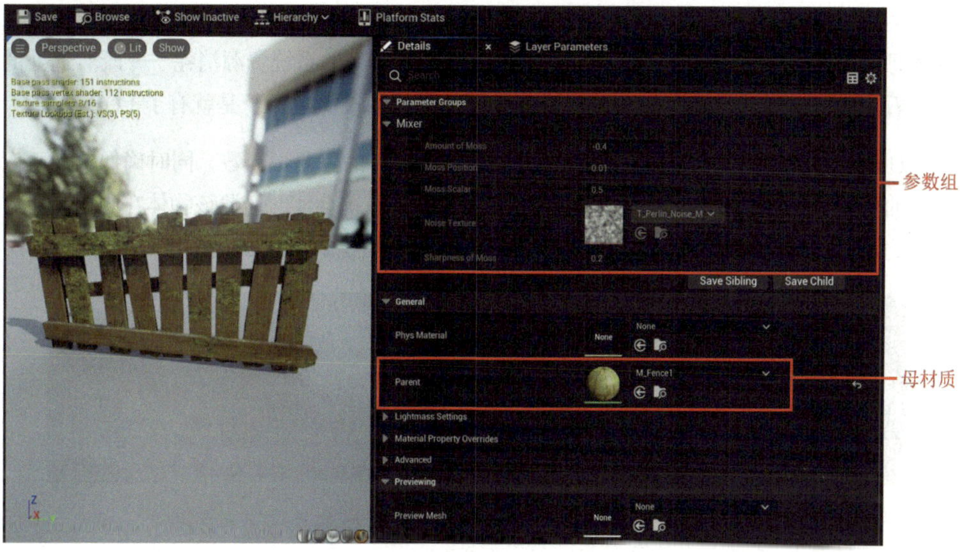

图 2-18

至此，我们从认识材质到熟练使用材质，可以说终于掌握了搭建世界场景的基础，接下来我们终于可以放开手脚来搭建自己的游戏关卡了。

2.5 活用网格体的 LOD 优化场景

搭建关卡可能是游戏开发者制作游戏时最快乐的环节之一，但它同时也是埋下隐患最多的环节。有别于材质编辑这类一旦出错系统就无法继续运行的硬性错误，关卡搭建会埋下一些虽然不会让系统崩溃，但会降低游戏帧数的潜在问题，比如场景中网格体的三角形面数过多可能会导致帧数下降。

2.5.1　启用网格体 LOD

为了帮助理解，我们借用一下官方商城【Quixel Bridge】中的高面数网格体【Old Stone Well】，它拥有三角形面共 24684 个。这是个什么概念呢？以现有 PC 玩家显卡的平均水平来看，游戏画面中实时显示一二百万个三角形面不会有太大问题，绝大多数玩家都能拥有 60 帧的流畅游戏体验。因此当拥有两万多个三角形面的网格体占据整个游戏画面较多部分时不会有任何问题。但随着镜头远离该网格体，进入画面中的物体变多，画面中的总三角形面数就会激增。到最后即使该网格体在玩家眼中已经小到看不清了，系统还是会用两万个三角形面去渲染它，这就造成了无意义的系统资源消耗——既然远处的物体看不清，不如让网格体随其所占画面比例的降低而被简化。于是就有了 LOD 系统。

Unreal Engine 5 可以按照一定比例自动削减网格体的三角形面数，同时确保外观不发生大的变动。在将网格体细分为不同级别的 LOD 后，系统会实时监测该物体在画面中所占百分比，每降到一定数值就将当前网格体的 LOD 替换为网格体较低级别的 LOD（图 2-19）。

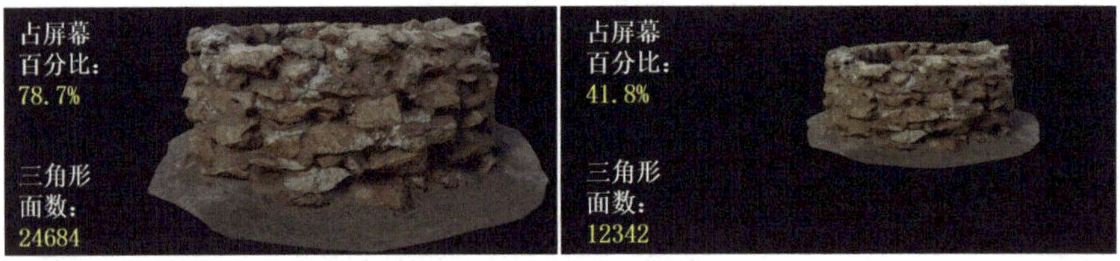

图 2-19

开启这一功能也很简单，在网格体编辑器细节面板【LOD Settings】（LOD 设置）中把【Number of LODs】（LOD 数量）的数值从 1 改为大于 1 的自然数，例如 4 就是划分 4 个 LOD 等级，之后单击【Apply Changes】（应用改动）系统便会自动计算并生成其余 3 个级别的 LOD（图 2-20）。

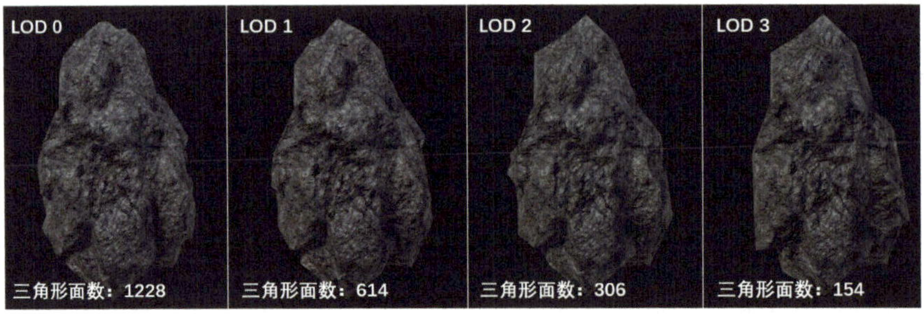

图 2-20

当需要预览各级别的 LOD 时，在【LOD Picker】(LOD 选取器）中选取对应 LOD 即可，LOD0 表示原始状态，之后的等级就依次为 LOD1、LOD2……。【LOD Auto】（自动 LOD）可以在预览窗口体验各级 LOD 随镜头变得越来越远时的动态变化。

如需手动调整各级 LOD 的简化程度或占屏幕的比例，也可取消勾选【LOD Settings】→【Auto Compute LOD Distances】(自动计算 LOD 距离)，并单击【LOD Picker】→【Custom】（自定义)，展开各级 LOD 属性以供改写。通过修改它们的【Reduction Settings】（简化设置）→【Percent Triangles】（三角形百分比）可以设定当前 LOD 简化至原始三角形面数的百分之几；修改【Screen Size】（屏幕尺寸）则可设置当前 LOD 在物体占屏幕比例多少时生效。

2.5.2 启用 Nanite 网格体

有时建模软件或 3D 扫描设备会输出三角形面密度极高（百万以上）的网格体，俗称【High Poly】(高模)。这类模型通常无法直接用于游戏中（会消耗巨大的系统资源)，需经重拓扑（Retopology）简化为【Low Poly】(低模）后使用。但重拓扑会损伤模型精细度，且非常耗时，为此 Unreal Engine 5 提供了独特的 Nanite 渲染管线来实时渲染高模。将网格体转化为 Nanite 模式主要有两种方法。

1. 在导入网格体时选择【Mesh】（网格体）→【Build Nanite】（编译 Nanite)。
2. 在网格体编辑器细节面板中勾选【Nanite Setting】（Nanite 设置）→【Enable Nanite Support】（启用 Nanite 支持)，并单击【Apply Changes】（应用改动)。

Nanite 之所以能有效降低渲染高模带来的系统资源消耗，是因为它将网格体分成了【Clusters】(簇)（图 2-21)，随着该网格体在游戏画面中占比降低，Nanite 会实时调整分簇，使整个画面中簇的总数尽量保持稳定。通俗点讲，它为高模提供了一个全自动 LOD 系统。

不仅如此，它还能有效降低高模所占用的硬盘空间，避免游戏打包发售后体量过大以至没人敢下载。除了不支持骨骼网格体（详见第 5 章）等会产生形变的网格体外，Nanite 几乎可以用在任何网格体上。

当然无论多便利的功能都不会毫无缺点，Nanite 也不例外。首先，它需要运行它的 Windows 系统支持 DirectX 12，如果玩家的 Windows 操作系统没有升级到能支持 DirectX 12 的最新版本，那 Nanite 就无法正常发挥作用。而作为设计者，我们也要在【Project Settings】（项目设置）→【Platform】（平台）→【Windows】→【Targeted RHIs】（目标 RHI）中将【Default RHI】（默认 RHI）设为 DirectX 12。

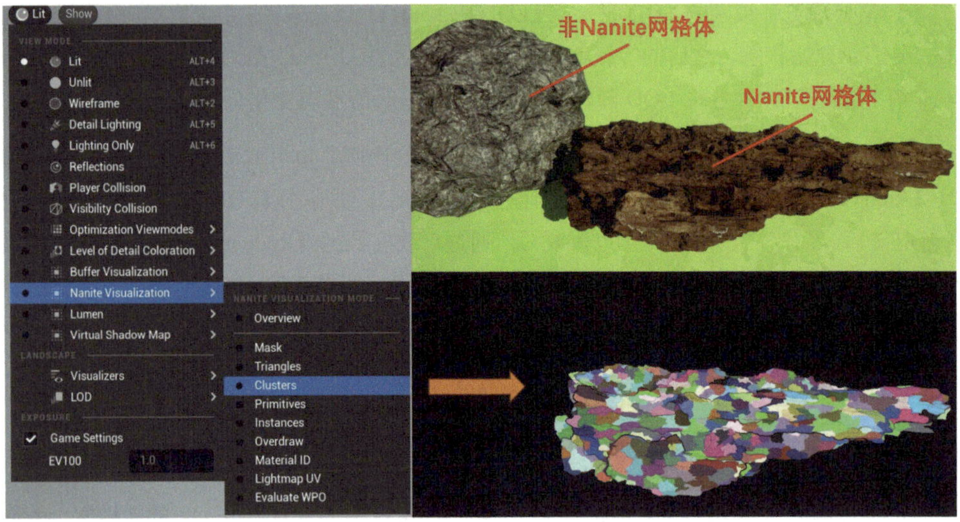

图 2-21

其次，Nanite 虽然对高模的渲染足够节省系统资源，但当资产主要为低模且具备成熟的 LOD 分级时，使用 Nanite 在游戏帧数上并没有优势。它的优势更多地体现在简化生产线的同时更有效地保证网格体精细度上，是名副其实的“面向未来的功能”。

最后，一旦场景中使用了 Nanite 网格体，那最好整个场景都使用。如果某些部分用 Nanite，剩下的部分用传统 LOD，这种做法反而会显著增加系统资源消耗，得不偿失。

2.6 用光照来点亮世界

一个高质量的关卡场景，一半靠 3D 网格体，一半靠光影。我们已经通过学习材质和模型掌握了前一半，现在让我们来给关卡场景加点光影。

2.6.1 灵活使用眼部适应功能

在具体介绍光的使用方法前，我们需要先了解一下 Unreal Engine 的 Eye Adaption（眼部适应），也被称作 Auto Exposure（自动曝光）功能。以图 2-22 为例，当我们切换视角到任意一个半封闭场景时，起初会看不清四周，但视野中的亮度会随着时间一点点增加，慢慢就能看清周围了。

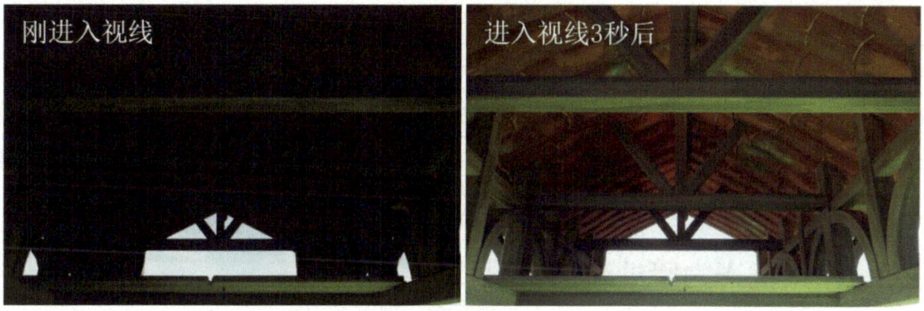

图 2-22

设计这一功能的初衷是给明暗跨度较大的游戏场景提供自动光照辅助，其便利性毋庸置疑。然而我们现在是想熟悉 Unreal Engine 5 的光照功能及其参数，它的存在反而会对我们造成干扰，因此建议采取以下方法先暂时将其屏蔽，日后再视需要决定是否启用它。

在大纲中选中【Global Post Process Volume】（全局后处理体积），在其细节面板中找到【Exposure】→【Min Brightness】和【Max Brightness】，把这两个参数的数值都改成 1；之后确定【Post Process Volume Settings】→【Infinite Extent】处于勾选状态即可。前一个操作是让自动曝光的调节系数锁定为 1，后一个操作是确保后处理体积效果已扩展至整个场景。

2.6.2 让太阳光照亮整个关卡

在屏蔽了自动曝光后，让我们把目光集中在场景中任意一个露天开阔地带。此时画面中的主要光照来源是【Directional Light】（定向光源），由于其具有光照距离无限远的性质，也习惯性地被称作“太阳光”，它在场景中的图标是一个带方向箭头的太阳（图 2-23），方向箭头指向其照射方向。

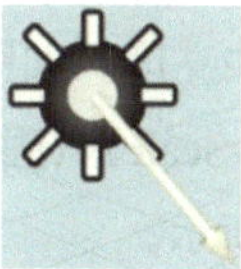

图 2-23

由于光照距离无限远，Actor 的位置对于定向光源来说没有任何意义，暴露在光线中的网格体表面会被均匀地照亮，被遮挡的部分则会产生阴影。此外定向光还有一些重要属性，如表 2-3 所示

表　2-3

Intensity（强度）	光的亮度，晴天时数值通常为 10 左右
Indirect Lighting Intensity（间接光照强度）	数值越大，则阴影处被反射光（间接光）照亮的强度越大
Use Temperature（使用色温）	默认值为 6500，低于此数值表现为暖色调，高于此数值表现为冷色调

2.6.3　用天空光为暗处增加亮度

当然，软件模拟的定向光和现实世界中的光差别很大，遇到障碍物就完全被遮挡的渲染方式也不符合我们的认知——实际上在现实世界中，无论什么缝隙角落，只要是白天，就绝不会是伸手不见五指的黑色。这是因为现实世界中的光线会被大气无限散射，只要不是全封闭空间，就一定会有光照。

我们虽然可以通过调节定向光的间接光照强度来增加反射光照占比，但计算机毕竟不可能模拟现实世界那种夸张的大气散射，因此能被用来计算反射光照占比的只能是网格体。如图 2-24 所示，当捕捉不到反射面时（例如飘浮在空中的石头底部），那无论将间接光照强度调得多么夸张，照不到的地方就是照不到。

图 2-24

这个时候，我们就需要借助一点小小的“作弊”手段，即用【Sky Light】（天光）给场景中所有网格体表面均等地增加一些亮度。如图 2-24 右图所示，即使定向光的间接光照强度数值不高，且天光的【Intensity Scale】（强度范围）只有 1，也能达到我们想要的效果。天光在场景中的图标如图 2-25 所示。

图 2-25

当然，说“均等”照亮不太严谨，事实上天光捕捉的是空间范围中远处的颜色，用来增加各方向网格体表面的亮度。因此哪怕只是蓝天白云，也是有的地方蓝天多，有的地方白云多，颜色不会完全一致。此外如果不喜欢当前场景远处的颜色，我们还可以在【Source Type】（源类型）中选择【Specified Cubemap】（指定立方体贴图），并指定一张自己喜欢的 HDR（High Dynamic Range，高动态范围）贴图来充当天光的光照来源。

2.6.4 添加局部光源

恰当使用全局光照会很好地帮我们完成游戏初期的光影设置。然而只有全局光照显然不够，在室内场景和夜晚场景中，局部光源就变得尤为重要。

图 2-26 展示了 3 种空间位置、强度（Intensity，均为 5）、衰减半径（Attenuation Radius，均为 90）都相同的局部光源效果的差别。可以看到这 3 种局部光源的区别主要在于照亮范围——点光源（Point Light）是无差别地用最大亮度照亮整个空间；聚光源（Spot Light）有【Inner Core】（锥体内部）的主要照亮区域和【Outer Core】（锥体外部）的次要照亮区域两个范围；矩形光源（Rect Light）则是用长宽高计算出一个“面光源”来集中照亮某一片区域。三者均可以从【Place Actors】里添加到场景中。

图 2-26

光照是整个游戏场景中非常消耗系统资源的环节，而显然无差别照亮四周的点光源会消耗最多的算力。因此在视觉效果允许的情况下我们应该优先使用聚光源。

2.6.5 为动态间接光照提供支持的 Lumen 系统

仔细观察图 2-26 不难发现这些光源产生的阴影很“生硬”，简单来说物体表面只要不在光线照射路径上就完全为黑色，而真实世界里的阴影是有不同灰度的，会更加柔和。产生这种不真实的阴影是因为我们所添加的光源的间接光照强度默认都是 1，即该物体表面光的反射效果很弱。随着这一数值增大（滑动条的最大值是 6，但其实可以手动输入），反射光的效果会凸显，阴影也就变得柔和了（图 2-27）。

图 2-27

被反射到周围物体表面的不仅有光的亮度，还有光的颜色。如果我们通过【Light Color】（光源颜色）或【Temperature】（温度）将光的颜色改成红色，周围环境也会被渲染上红色，这一效果甚至适用于拥有自发光材质的网格体。为动态间接光照提供支持的就是 Unreal Engine 5 独有的 Lumen 系统。

Unreal Engine 5 项目会默认启用 Lumen，如需确认启用情况可以在【Project Settings】（项目设置）→【Engine】（引擎）→【Rendering】（渲染）→【Global Illumination】（全局光照）中查看选项是否为【Lumen】，当然也可将其设置为【None】来关闭 Lumen。

2.6.6　烘焙静态光源、固定光源的间接光照

有读者朋友也许会注意到，Lumen 是为“动态”间接光照提供支持的系统，那静态间接光照呢？ Unreal Engine 场景中所有对象的【Mobility】（移动性）都分为【Static】（静态）、【Movable】（可移动）、【Stationary】（固定）3 类。移动光源显然就是我们刚才一直提到的动态光，它的间接光照由 Lumen 提供支持，那静态光的间接光照呢？解答这一问题首先需要了解一下这 3 类光源的区别（表 2-4）。

表　2-4

	光源的灵活性	能否产生动态阴影	对系统资源的使用
Static（静态光源）	不能移动	不能	几乎为 0
Stationary（固定光源）	不能移动	能	适中
Movable（动态光源）	位置、角度均可改变	能	很高

静态光源和固定光源的位置和角度在游戏中都是固定的，因此它们在物体表面的光照效果可以近似看作表面材质的一层附加图层。对于这两类光而言，无论是直接还是间

接光照，Unreal Engine 5 是采用 CG（Computer Generated，计算机生成）动画常用的 Ray Tracing（光线追踪）法计算光照路径的。该方法需要占用大量运算资源，因此只能预先花时间烘焙出来贴在网格体表面，显然对于游戏中实时变化的动态光源不适用，于是 Lumen 诞生了。

当然，预先烘焙的光影贴图仍有存在的必要，尤其当游戏并不需要一个动态光照环境，同时游戏帧数的压力很大时。只是要注意静态光的烘焙在 Lumen 开启时无效，因此需要先在项目设置中停用 Lumen，再将光源切换为静态光。切换后运行游戏，会在关卡左上角看到一行红字：

LIGHTING NEEDS TO BE REBUILT（光照需要重建）。

这是在提醒我们：当前有网格体处在静态光源的影响下，需要手动将光影烘焙到该网格体表面。烘焙的方式是单击顶部菜单栏的【Build】（构建）→【Build Lighting Only】（仅构建光照），还可以预先在【Build】（构建）→【Lighting Quality】（光照质量）中设置好烘焙效果的分辨率级别，从【Preview】（预览）到【Production】（产品级别）品质依次增加，需要花费的时间也相应增加。渲染时屏幕右下角会出现图 2-28 所示的进度条。

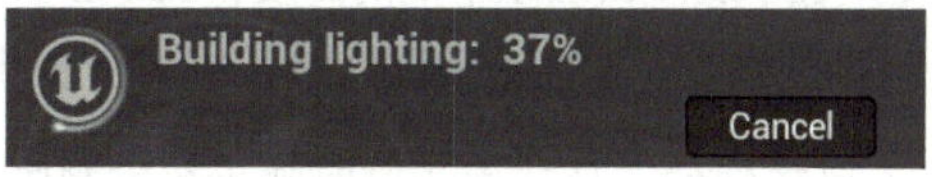

图 2-28

烘焙完成的光影效果可以看作网格体材质的一部分，我们将不再需要保留光源，可以直接把它删除。此外，由于静态光源和固定光源的间接光照效果必须通过烘焙才能展现，因此在烘焙之前，关卡窗口中所展示的只不过是系统用动态光源替代的临时效果。

2.6.7 使用 Lumen 计算场景中的反射

Lumen 既是 Unreal Engine 5 动态间接光照的默认方案，也是反射的默认方案，同样，可以在【Project Settings】（项目设置）→【Engine】（引擎）→【Rendering】（渲染）→【Reflection】（反射）中确认其是否开启，或设为【None】将其关闭。

游戏中所谓的反射，是指场景中的镜面物体材质表面能看到周围的环境。Lumen 的动态性在这里同样有所体现——周围物体发生变化时这些反射的环境也会跟着变化。而在 Lumen 出现前，和光照类似，为了表现这些反射效果也只能依赖于烘焙。当我们关闭了 Lumen 反射却仍然希望拥有反射效果时，可以在【Place Actors】中找到【Box Reflection

Capture】（盒体反射捕获）和【Sphere Reflection Capture】（球体反射捕获）两个 Actor 并将其添加到镜面物体附近，单击顶部菜单栏的【Build】（构建）→【Build Reflection Capture】（构建反射捕获）进行烘焙。与光照不同的是，反射的烘焙很快。

2.7 为游戏添加白云和蓝天

有了光，网格体的材质效果能得到更好的发挥。如果我们制作的是室内场景的话，就可以到此结束了。但当它是室外开放式场景时，那至少我们还需要白云和蓝天。

2.7.1 使用云和雾来增加场景的朦胧感

虽然云是 Unreal Engine 5.3 版本初始场景中自带的，但如果不小心误删了，可以在【Place Actors】中找到【Volumetric Cloud】（体积云）并将其拖入场景。体积云的细节面板中有很多物理属性可修改，且每个属性的反馈效果都很直观，例如【Layer Bottom Altitude】（图层底部高度）表示底端云层距地面的高度、【Layer Height】（图层高度）表示云层高度。我们可以大胆尝试修改，如需改回默认值，单击该属性右侧的即可。

雾也是开放式场景不可或缺的一环。由于同时映入玩家视野中的网格体极多，最远处的网格体通常会被 LOD 系统处理得很简陋，小型植物可能也会被设置成不显示，因此我们需要雾来遮挡这些远处的“瑕疵”从而保证玩家的沉浸感。【Place Actors】中的【Exponential Height Fog】（指数高度雾）可以很好地满足这一需求，以下是它的几个主要属性，如表 2-5 所示。

表　2-5

属　性	描　述
Fog Density（雾密度）	直接决定雾的浓度的属性
Second Fog Data（第二雾数据）	如需添加第二层雾时可以勾选启用
Fog Inscattering Color（雾内散射颜色）	雾的颜色，默认是黑色，越接近白色朦胧感越重
Start Distance（起始距离）	在该距离以内不会有雾的效果
Fog Cutoff Distance（雾切断距离）	在该距离以外不会有雾的效果，当其为 0 时，则该属性不生效，将其设成一个大的数值可以不对天空球添加雾效果，在某些情况下会很有用

体积高度雾的原理是通过给视野中不同距离的网格体“刷上”不同程度雾的颜色（例如白色）来产生朦胧感，这种朦胧感是比较“廉价”的，对系统资源消耗也不高，尤其当场景变得复杂时玩家可能会感到不自然。如果要模仿现实世界中水气散射光线的效果，则需要在细节面板中开启【Volumetric Fog】（体积雾），此时我们甚至可以看到现实森林中会出现的丁达尔现象（图 2-29）。

图 2-29

2.7.2 既是天空也是星球的大气层

场景自带的天空——【Sky Atmosphere】（天空大气）同样也可以在【Place Actors】中找到，它需要配合太阳光和指数高度雾来发挥视觉效果。如果它已经存在于场景中但视野还是一片漆黑，那可以确认一下太阳光的【Atmosphere and Cloud】（大气和云）→【Atmosphere Sunlight】（大气太阳光）属性是否被启用。如果已经启用但仍然是一片漆黑，则可以确认一下太阳光的角度是否处于“白天”状态。天空大气可以响应太阳光的角度，模拟昼夜变化（图 2-30）。

图 2-30

至于天空大气自身的属性，主要分为物理属性和艺术属性两类。【Atmosphere - Rayleigh】（瑞利散射）、【Atmosphere - Mie】（MIE 散射）和【Atmosphere - Absorption】（吸收）3 栏参数都可以用来调整天空大气对光线的响应；而【Art Direction】的一些参数可以给它增加一些主观视觉效果。

值得一提的是，天空大气其实是一个大到离谱的球体（图 2-31），对制作太空游戏感兴趣的读者朋友应该会有机会见识它的全貌。

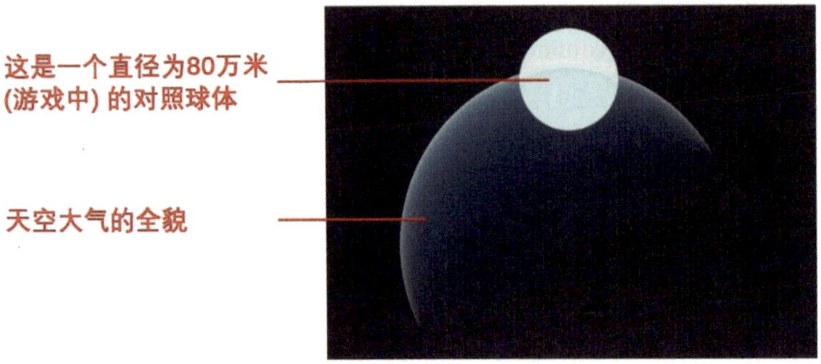

图 2-31

2.8 为游戏添加山川和平原

开放世界很多时候不仅仅有城市和建筑，还会有自然环境。我们可以在工具栏的【Selection Mode】（选择模式）中选择【Landscape】（地形）进入特殊的地形绘制模式。

2.8.1 在关卡中添加地形

当选中地形后，关卡中会出现很多绿色网格，并且还会在左侧弹出一个新的窗口，巨大的变化可能会让你不知所措。没关系，我们一个个来看，首先了解这些绿色网格分别代表什么（图 2-32）。

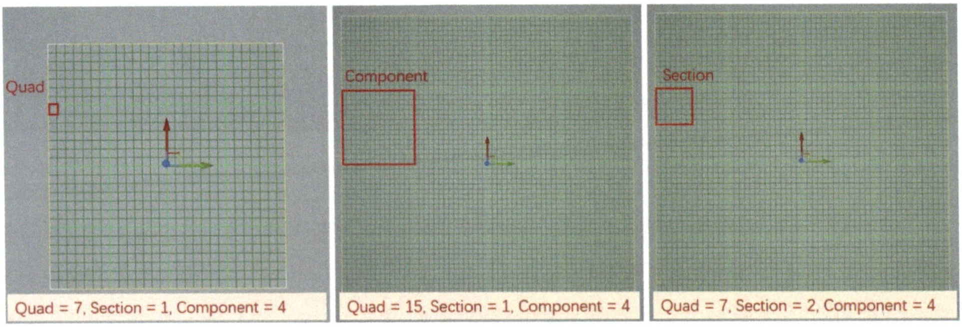

图 2-32

图中黄色边框圈出了所绘制的巨型地形网格体的整体边界，而其中的绿色网格是：

1. 最小的地形组成单元【Quad】（四边形），深绿色小格子，相当于地形的像素；
2. 最大的地形组成单元【Component】（组件），亮绿色大格子，相当于组成地形的网格体，最多不能超过 1024（32 × 32）个；
3. 中间级地形组成单元【Section】（分段），当组件太大时，可以用分段对其进行划分。

左侧弹出的窗口则是用来预设刚才所提到的各项参数，以及预设地形材质、地形位置、尺寸等属性的（图 2-33）。此时产生了一个问题，不同数量的四边形、组件和分段的组合是有可能产生类似或相同结果的，那既然如此为什么还要使用 3 种不同的参数呢，只设置一个四边形总数不行吗？

这是因为组件是地形的最小网格体渲染单元，如果它的体量很大（例如包含 255 × 255 个四边形），那每当它的一部分进入玩家视野时，我们就需要渲染一遍这 65025 个四边形；但如果它的体量太小（例如只包含 7 × 7 个四边形），那就需要很多个组件才能拼出整个地形。因此说到底这 3 个参数的选用有着性能与视觉效果的权衡。当然，初学者无须担心这些参数的设置，它们都可以在后期进行修改。

除了【Create New】（新建）外我们还可以选择【Import from File】（从文件导入），二者的面板设置几乎相同（图 2-33）。

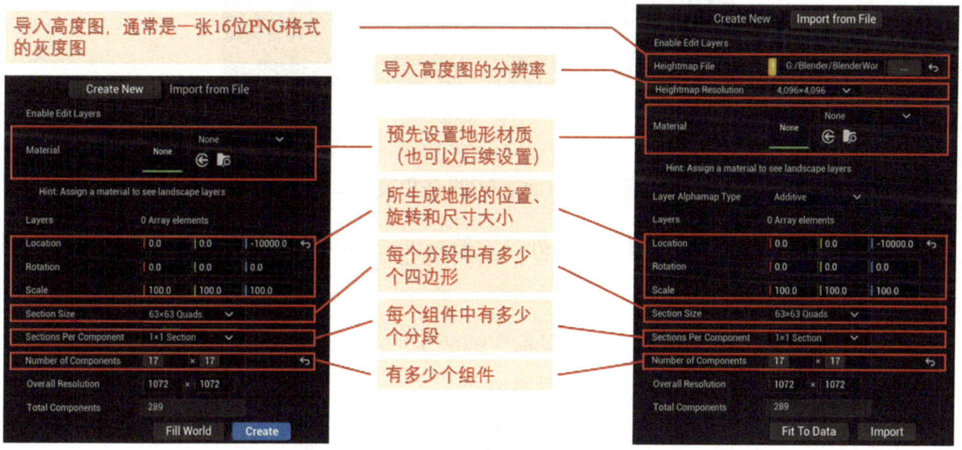

图 2-33

2.8.2　雕刻地形

按照设定好的尺寸新建地形后，地形工具栏自动从【Manage】(管理) 切换为【Sculpt】(雕刻)，可以使用工具栏中提供的 12 种工具塑造地形。那么我们来看几个初学阶段可能会用到的工具吧。

1. 【Sculpt】(雕刻)：最基本也是最常用的工具，激活时关卡中的鼠标指针会变成一个白色的光圈。按住鼠标左键并拖动鼠标可以使地形凸起；按住【Shift】键再拖动鼠标则会使地形凹陷。

   雕刻的参数都很直观易懂，这里只重点提一下【Alpha Brush】(Alpha 笔刷)。它需要我们选择一张灰度图来定义笔刷不同点位的强度系数，白色表示 1，黑色和透明通道表示 0，灰色在二者之间。我们可以用 Mountain_01 这张图试一下，如图 2-34 所示，按住鼠标左键会直接生成一座山。

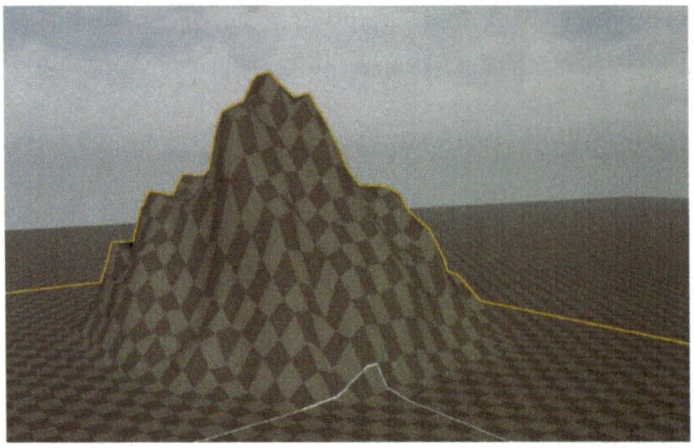

图 2-34

2. 【Smooth】(平滑)：使网格体面与面之间的夹角变小，整体更平滑。
3. 【Flatten】(平整)：以光圈中心所处位置的高度为基准，将光圈范围内的四边形全调整为这个高度。
4. 【Ramp】(斜坡)：在地形上单击鼠标左键两次，放置两个标记（图 2-35），在调整好标记的位置后回车，自动生成一段斜坡。
5. 【Erosion】(侵蚀)：模拟风沙侵蚀的效果，改变山体表面。
6. 【Hydro】(水力)：模拟水流侵蚀的效果，改变山体表面。
7. 【Noise】(噪点)：让地形随机产生改变，在需要表现坑坑洼洼起伏不平的地面时有奇效。

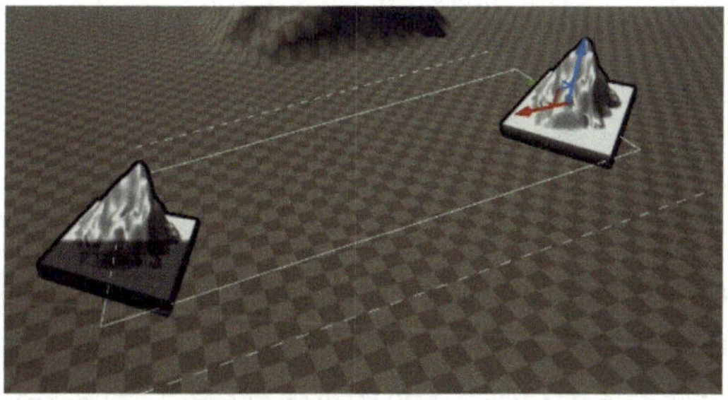

图 2-35

2.8.3 绘制地形材质

完成了地形的雕刻，相当于完成了这个巨型网格体的建模，接下来需要编写它的材质。

让我们来新建一个空白材质：在资产视图空白处单击鼠标右键，选择【Material】之后双击它打开材质编辑器。总的来说地形材质和普通网格体材质并没有太大的区别，只是需要使用【Landscape Layer Blend】这个专用节点把几套纹理图混合起来，以及用【Landscape Layer Coords】这个特殊的UV控制节点连接纹理取样器的【UVs】引脚。图2-36中我们使用了草地（Grass）、岩石（Rock）和鹅卵石（Pebble）3种纹理图进行混合，颜色图和法线图需分别进行混合。

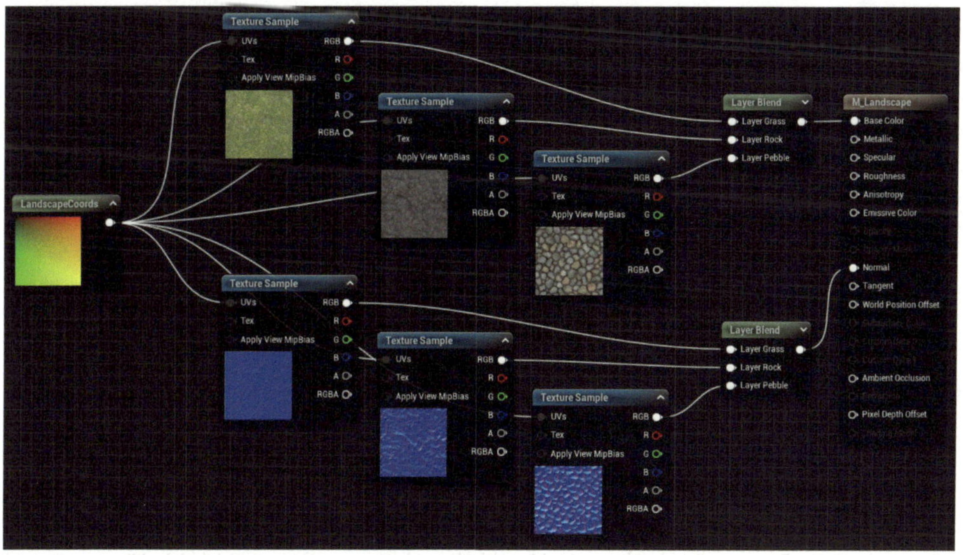

图 2-36

需要注意的是，在混合颜色图的【Landscape Layer Blend】节点刚添加时，它是个空节点，需要在其细节面板中单击【Layers】（图层）一栏的“+”增加 3 个图层，并将图层依次命名为“Grass”“Rock”和“Pebble”；混合法线图的节点也需要如此操作一遍（或者把这个设置好的节点复制过去）。

之后我们就可以在地形的细节面板中加载做好的材质，并切换至【Landscape】（地形）模式，使用刚才设置好的 3 个图层来分层绘制地形。当我们选中【Paint】（绘制）→【Layers】（图层）中任意一个图层时，会发现光圈呈红色（图 2-37），表示禁止绘制。

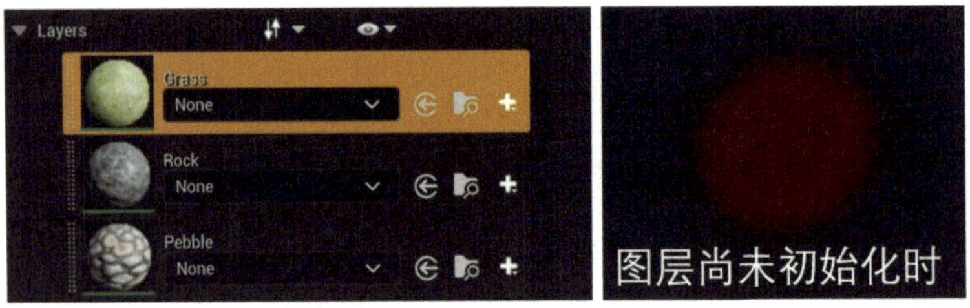

图 2-37

这是因为首次启用绘制，需要先将图层初始化——单击每个图层旁边的“+”，选择【Weight-Blended Layer】（权重混合层），之后选择一个路径存储这个图层的材质（建议和地形材质放在同一个文件夹下便于查找）。初始化完成后，就可以选择任意图层进行绘制了。

2.9 在陆地上添加大量植物

植物也是自然场景中必不可少的组成部分。关于添加植物也许有的读者朋友会有“一株一株摆上去不就行了”的想法，然而一个开放式游戏场景通常有几十上百万株植物，很显然逐一去摆放不太现实。这个时候我们就需要使用一个能快速、自定义添加很多植物的工具——【Foliage】（植物）。

2.9.1 完成植物笔刷的设置

有了地形工具的经验，对于植物工具就不会感到陌生了。将【Selection Mode】（选择模式）切换为【Foliage】（植物），还是一样的工具栏，一样的工具属性设置——唯一的区别在于，使用植物笔刷前我们需要将植物网格体添加到面板底部，并且设置好每种植物笔刷的参数（图 2-38）。

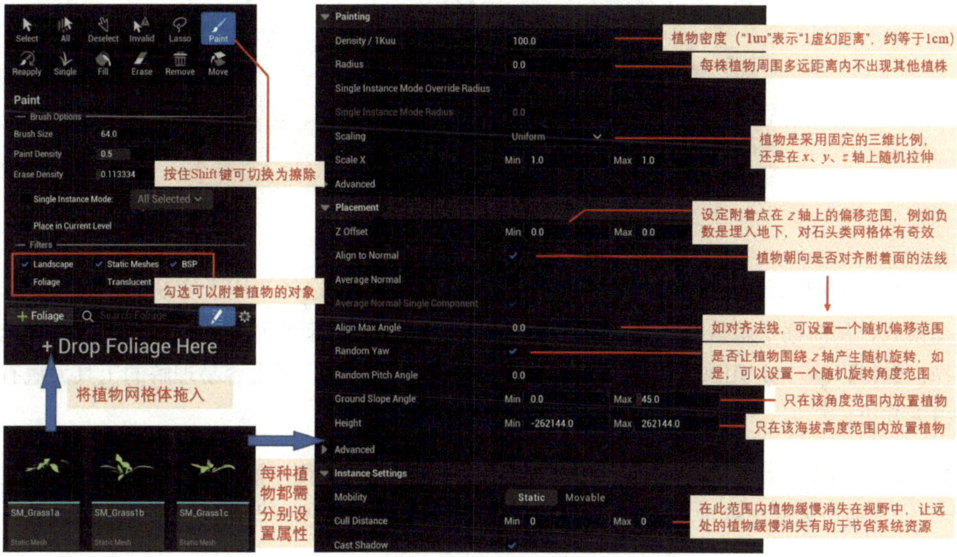

图 2-38

设置好参数的植物可以通过将鼠标指针悬停在工具栏植物图标上并单击保存按钮存储为【Foliage Asset】（植物资产）（图 2-39），再次使用时直接将其拖入面板即可自动完成参数设置。此外在绘制前也需要确认图标左上角的复选框是否已勾选，使用这种方法可以选择性地在网格体表面绘制想要的植物。

图 2-39

2.9.2 将植物绘制到网格体表面

设置完成后我们可以拖动鼠标在网格体（地形等）表面绘制植物（图 2-40）。

图 2-40

至于笔刷工具，大多数都简单易懂。例如【Select】（选择）用于切换到单株植物选择模式，从而逐个调整植物的位置、旋转角度；【Lasso】（套索）是用鼠标来进行刷取选择；【Fill】（填充）用来直接将网格体表面刷满植物；等等。不太容易理解的工具大概有以下几个。

1. 【Invalid】（无效）：选择场景中所有无效的植物（从而便于删除之类的），注意这里“无效”的确定标准主要是看植物是否有附着面，即植物原点距离网格体附着面是否过远。
2. 【Reapply】（重新应用）：当已经绘制完成的植物的属性又要调整时，可以通过这个功能将已绘制的植物刷成新的属性，注意，只有被刷到的植物才会生效。

植物工具除了添加植物外，还可以用来添加其他网格体，例如石头、废弃物、大面积的房屋等。通过植物工具添加的网格体虽然失去了一定的自由度，但会大幅节省系统资源消耗，在制作大场景时应积极使用。

第3章

绘制游戏的代码蓝图

“

前两章展示了如何搭建一个有天空、海洋和大地，有远景、细节和光照的理想关卡。美中不足的是，当我们单击运行游戏时，能做到的仅限于控制一个自由视角在关卡中“看”。我们还需要做点什么来证明我们的游戏不仅仅是好看而已——比如还能用方向键控制一个主角让它跑来跑去。在其他游戏引擎中，这样的功能很多是用代码来实现的，事实上即便是 Unreal Engine，也要基于 C++ 的底层代码。

但不同的是，Unreal Engine 还提供了另一种可视的模块化编程工具，这就是本章将要介绍的蓝图（Blueprint）。

”

3.1 在游戏开始后出现主角

可能有的读者已经注意到，场景中有一个叫【Player Start】（玩家出生点）的 Actor——没有也不要紧，在【Place Actors】里能够找到它——它的位置和方向决定了游戏开始后玩家所处的位置和视角朝向。由此我们可以大胆推测，游戏开始后系统在该点放置了一个摄像机 Actor，我们按方向键【W】【S】【A】【D】实际上是在操纵这个摄像机 Actor 向各个方向移动。

现在让我们改造一下这个摄像机 Actor，我们希望放置在玩家出生点的是一个球体，摄像机一定要有，不过是以俯瞰的方式放置在高处并同球保持一定距离。由于这个操作涉及自定义 Actor，因此就需要隆重请出 Unreal Engine 的代码工具——蓝图。

3.1.1 新建一个主角蓝图

在资产视图空白处单击鼠标右键，我们可以像新建材质一样新建一个【Blueprint Class】（蓝图类），此时会弹出一个窗口（图 3-1），询问新建蓝图的种类。

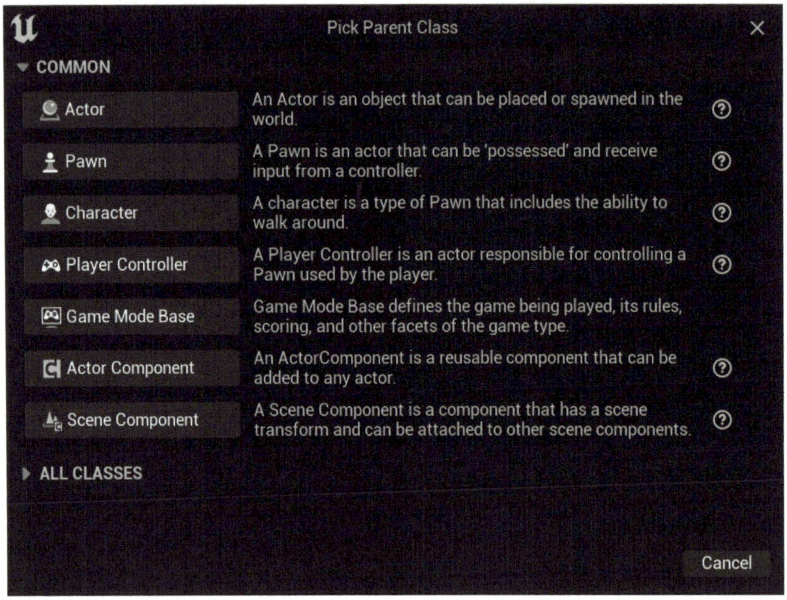
Pick Parent Class
COMMON
Actor
An Actor is an object that can be placed or spawned in the world.
Pawn
A Pawn is an actor that can be 'possessed' and receive input from a controller.
Character
A character is a type of Pawn that includes the ability to walk around.
Player Controller
A Player Controller is an actor responsible for controlling a Pawn used by the player.
Game Mode Base
Game Mode Base defines the game being played, its rules, scoring, and other facets of the game type.
Actor Component
An ActorComponent is a reusable component that can be added to any actor.
Scene Component
A Scene Component is a component that has a scene transform and can be attached to other scene components.
ALL CLASSES
Cancel

图 3-1

【Actor】表示不带特殊功能的普通蓝图，一般用在一些功能型 Actor 上，比如可以打开的门、会爆炸的炸弹。【Pawn】表示可以接收控制器输入的蓝图，这正是我们需要的，选择之后双击它打开蓝图编辑器界面（图 3-2）。

1. 工具栏：任何编辑器界面都会有此栏。在进行任何修改或编写后要记得单击【Compile】（编译）使其生效。

2. 视口与图表区域：默认是【Viewport】（视口）区域，可以切换到【Event Graph】（事件图表）区域，或者切换到只在需要初始化构建蓝图时才会用到的【Construction Script】（构造脚本）区域。

3. Actor 组件：显示当前蓝图中包含的组件，每个组件都可以在视口中找到。由于是新建蓝图，当前除了一个占位图标外什么也没有。单击【Add】（添加）选择【Sphere】（球体），视口中立刻多出来一个球形网格体，这便是我们的主角了。

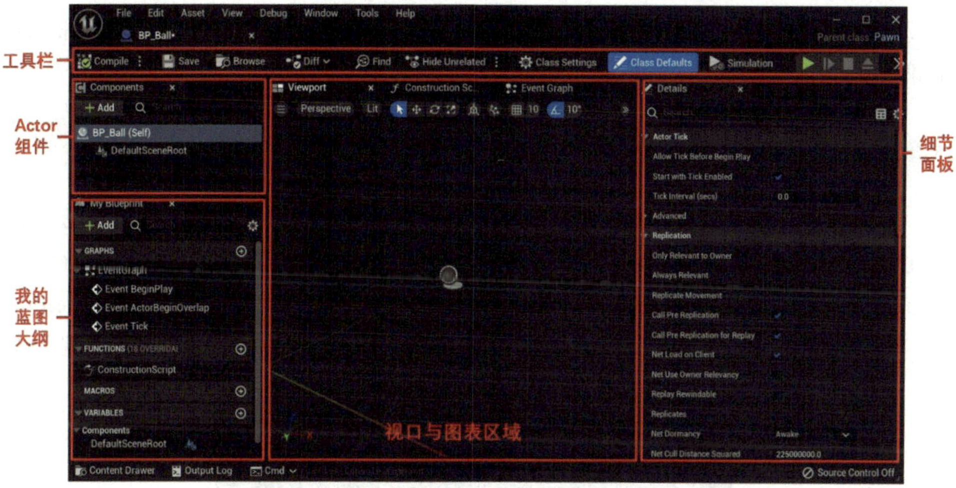

图 3-2

4. 我的蓝图大纲：用来显示蓝图中包含的图表、事件、函数、变量等内容的树状列表。

5. 细节面板：当我们选中任意组件或蓝图大纲中的任意变量时，细节面板中就会出现其细节参数供修改。例如我们可以选中刚才添加的球体，在细节面板的【Materials】（材质）中赋予它石头材质。

要想让这个石头球成为游戏主角还差一步——还记得本节开头说过的“摄像机一定要有”吗？摄像机是玩家在游戏世界中的双眼，因此我们还需要在 Actor 组件里添加一个【Camera】（摄像机）组件并使其成为刚才所添加球体的子组件（图 3-3）。这样摄像机就会继承球体的属性，当球体前进时摄像机也会跟着走，当球体转动的时候摄像机也会跟着一起转。

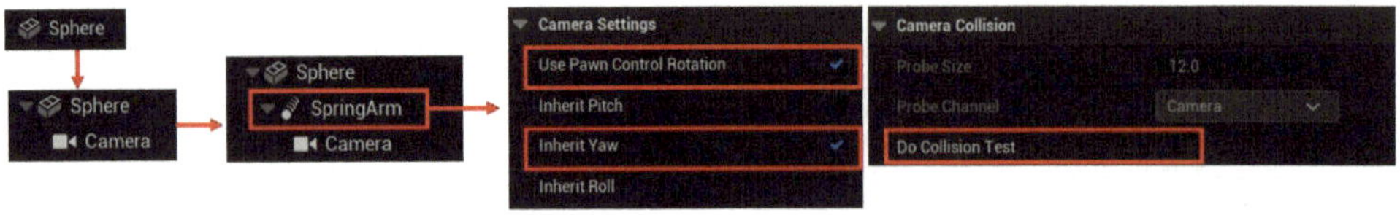

图 3-3

在绝大多数情况下，我们并不希望摄像机在三维空间中跟着球体一起转动，因此我们在球体和摄像机两个组件之间再加入一个中介——【Spring Arm】（弹簧臂），并把它细节面板中的【Camera Settings】（摄像机设置）属性按照图 3-3 重新设置一下，让摄像机仅继承球体在 z 轴上的旋转，对其余两个轴的转动不响应。

3.1.2　让主角蓝图在游戏开始后生效

球体蓝图设置完成后，首先需要确保它能在游戏开始后自动被放置到游戏场景中，因此我们需要通过覆盖默认游戏模式来修改游戏初始化设置。覆盖默认游戏模式存放在【World Settings】（世界场景设置）→【Game Mode】（游戏模式）→【GameMode Override】（游戏模式重载）中（图 3-4），需要新建一个专门的“游戏模式”蓝图文件才能实现重载。

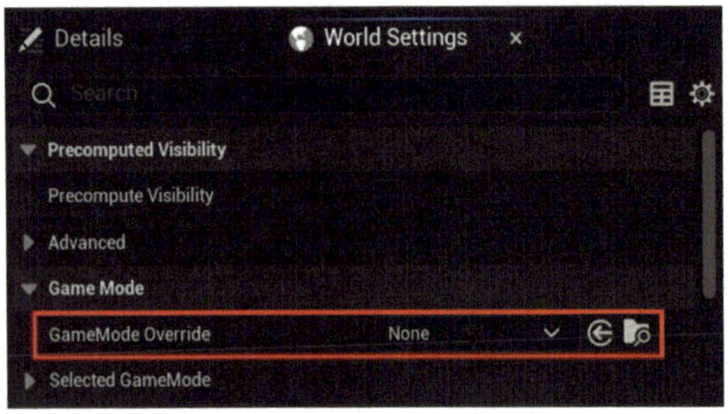

图 3-4

那就再新建一个对应类型的蓝图吧！这次我们单击【ALL CLASSES】（所有类）打开搜索框，搜索并选择【GameMode】（游戏模式）后单击【Select】（选择）完成操作（图 3-5）。

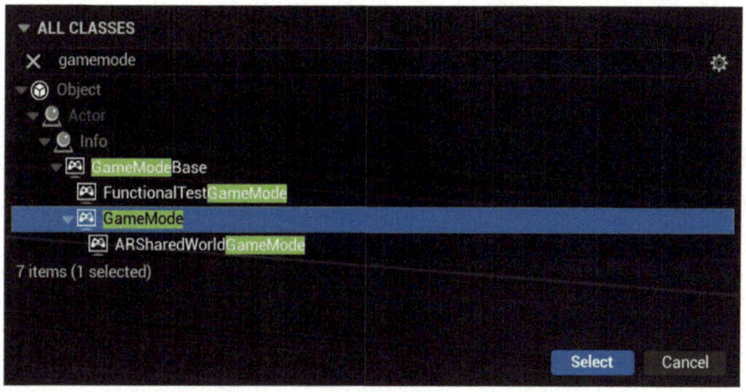

图 3-5

游戏模式是比较特殊的一种蓝图，通常我们无须对它添加任何组件或编写任何蓝图事件，而只需要修改一些默认设置即可。因为我们的目的是在游戏开始时自动生成主角蓝图，而掌管这个的是细节面板中【Classes】(类) →【Default Pawn Class】(默认生成类) 这一设置，因此将默认生成类设置为主角球蓝图即可。

之后我们再回到图 3-4，选用刚才新建的游戏模式便可完成重载。这时运行游戏试试，是不是可以看到我们的主角小球了？不仅如此，游戏视角应该也变为之前设置的那个跟随着小球的摄像机了。

3.2 给网格体添加物理碰撞

虽然通过重载游戏模式我们成功让新主角出现在游戏中，但遗憾的是，它现在如同时间静止了一样一动不动。因此接下来我们的首要任务是让它回归物理学的范畴，例如受到重力会下落、撞到地面会停下来。

3.2.1 启用网格体的物理模拟

Unreal Engine 5 为所有网格体内置了物理模拟模块，我们需要做的只是打开主角球的蓝图，选中球网格体，并勾选其细节面板中的【Physics】(物理) →【Simulate Physics】(模拟物理) 复选框。由于启用了物理模拟，该网格体在游戏中必定会动起来，因此它的移动性会被自动设置成可移动。

就这样我们一瞬间便达成了本小节的主要目标。

3.2.2　修改网格体的碰撞形态

然而就这么结束还为时过早，我们还需要了解一个跟物理模拟密切相关的概念——碰撞。刚才我们运行游戏后小球可以撞到地面并停下来，不仅仅是因为它受到了重力的作用，同时也是因为地面网格体对小球的边界发生了【Block】（阻挡）。

可能在读者朋友看来这是理所当然的事，但实际上 Unreal Engine 5 并不是用物体自身网格体来计算是否发生阻挡的，它会额外给每个网格体生成一个【Simple Collision】（简单碰撞体）以及一个完全基于网格体结构的【Complex Collision】（复杂碰撞体）。在网格体编辑器的【Show】（显示）下拉菜单中可以查看并进行选择（图 3-6）。

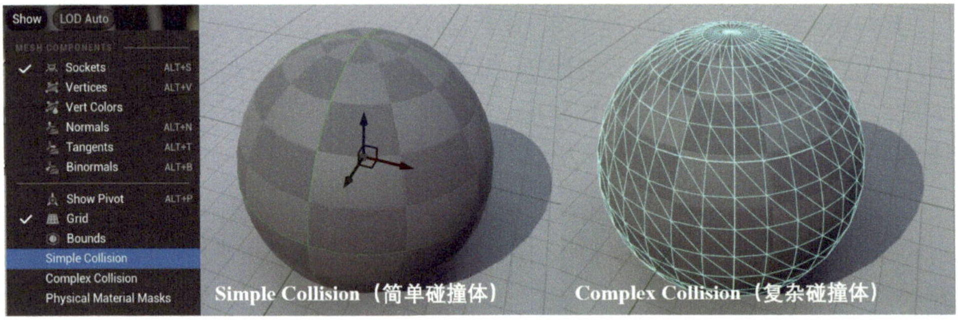

图 3-6

每当物体位置发生变化时，简单碰撞体便会被用来计算是否发生阻挡。由于是系统自动计算并生成的，难免会遇到某个网格体的碰撞体大小或形状不合适的情况，这时就需要手动修改。如图 3-7 所示，在网格体编辑器中单击顶部菜单栏的【Collision】（碰撞体），便可在下拉菜单中选择添加哪种形状来充当简单碰撞体。添加后我们还可以对形状进行移动、旋转及拉伸等常规操作，以使其按照我们想要的方式来匹配网格体。添加多个形状也没问题，它们会被一起用来计算碰撞。

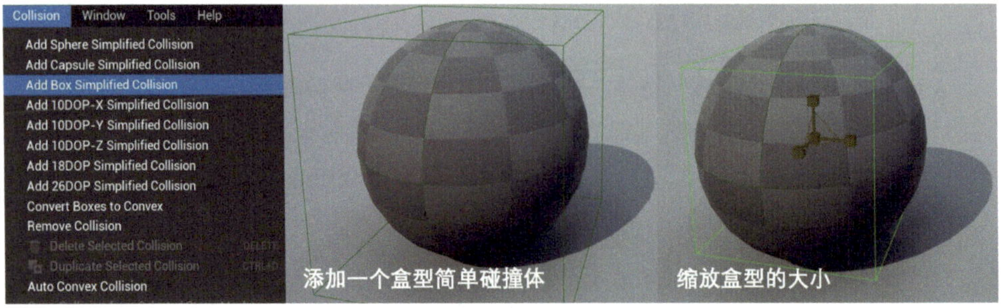

图 3-7

3.2.3 自定义网格体的碰撞逻辑

网格体之间是否发生物理阻挡是由一套特有的“碰撞系统”来判断的，这一点很重要，因为这样我们就可以通过自定义碰撞来决定是否发生阻挡。举以下例子进行说明。

如图 3-8 所示，我们用一个附有透明蓝色材质的平面充当水面，让石头和木板两个开启了物理模拟的网格体下落。由于水面只不过是一个普通的网格体，因此很自然地会对石头和木板产生阻挡，呈现 A 图的样子。但我们都知道实际上水面应该让木板浮起来，让石头沉下去，也就是 B 图的样子，这种差异化设置应该如何来做呢？

A. 木板和石头都浮在水面
B. 木板浮在水面但石头沉入水底

图 3-8

如果将水面网格体细节面板中的【Collision】→【Collision Preset】（碰撞预设）设为【No Collision】（无碰撞），木板和石头都会沉底，只能分别将水面、木板和石头定义为不同的碰撞类型，并在碰撞预设中用【Custom】（自定义）来设置三者的相互关系。

Unreal Engine 虽然为我们预设了几种碰撞类型，但往往是不够的。当我们需要添加新的类型时，可以在【Project Settings】（项目设置）→【Engine】（引擎）→【Collision】（碰撞体）中单击【New Object Channel】添加新的物体碰撞类型。

之后便可以在碰撞预设的【Object Type】（对象类型）中选择各自的碰撞类型，并在下方的【Collision Responses】（碰撞响应）中设定对彼此的响应是【Ignore】（忽略）还是【Block】（阻挡）。这里需要提一下的是，因为石头是主角蓝图，所以它除了需要忽略水面外，还要忽略【Pawn】，即所有可动的控制类对象，不然会产生阻挡自己的 Bug。

3.3 在屏幕上显示“Hello World!”

在正式编写主角的行动逻辑之前，我们先用一个小实例来熟悉一下蓝图的核心——【Event Graph】（事件图表）。没有编程基础的读者朋友也不用担心，事件图表的编写是贯穿整个游戏制作的暗线，我们会有大量的机会接触并熟悉它。

3.3.1 游戏开始在屏幕上显示一行文字

再次打开小球的蓝图，并将视口切换成事件图表。事件图表中有 3 个处于静默状态的红色节点，它们代表事件开始运行的起点。如图 3-9 所示，我们可以从▷开始将连接线连至下一个节点的▷。除了开始节点外，几乎所有节点都有输入和输出两个▷，有需要的话，事件可以无限连接下去。当要取消两个节点间的连接时，按住【Alt】键单击连接线即可。

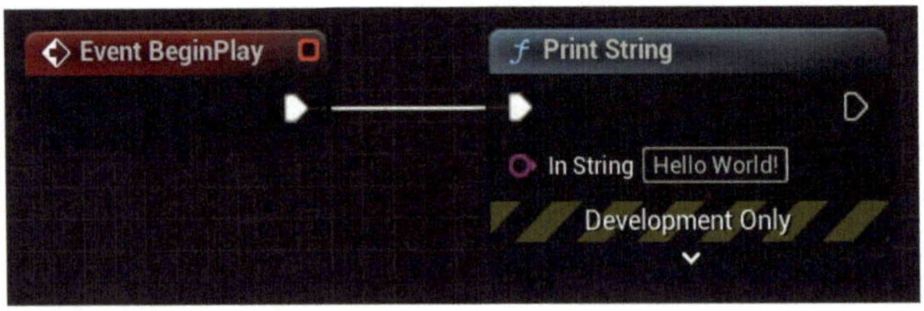

图 3-9

所有节点都可以通过在事件图表空白处单击鼠标右键来添加，开始节点也不例外。添加方式和材质编辑器一样有直接查找和搜索关键词两种（推荐后者）。用其中一种方式添加【Print String】（输出字符串）节点并在它的输入框中输入“Hello World!”。之后将它的执行引脚联入【Event BeginPlay】（事件开始运行），单击【Compile】（编译）之后运行游戏，就可以在屏幕左上角看见蓝色的“Hello World!”。

这个例子中用到的【Event BeginPlay】表示当该蓝图在游戏中生成后，立刻运行一次连在它身后的节点，因此它非常适合用来初始化一些蓝图中要用到的数值。

3.3.2 游戏开始在屏幕上滚动显示文字

【Event Tick】（事件每帧运行）也是经常会用到的自动开始事件。与【Event BeginPlay】不同，它一旦开始，每一秒内都会重复运行它连着的所有节点很多遍，直到被手动停止。

关于“每帧”，相信读者朋友们都听过“60 帧”“30 帧”这种说法。这里的 60 帧是“每秒 60 帧”(60 Frames per Second) 的简称，可以理解为游戏当前运行能力是 1 秒 60 轮。因此每轮的间隔时间，即【Delta Second】就约等于 0.0167 秒（由 1÷60 得来，30 帧则翻一倍）。此时无论为【Event Tick】联入多少节点，每 0.0167 秒系统就会把这些节点全部运行一遍。因此使用这个事件时一定要谨慎。

首先我们在【My Blueprint】→【Variable】（变量）中单击⊕创建一个新的【String】（字符串）变量，之后把它拖入事件图表，如图 3-10 所示。每次拖入都需要选择使用方式是【Get】（获取）还是【Set】（设置）。如果已经在【Event BeginPlay】之类的地方预先进行了变量值的设置就可以选择【Get】，但目前并没有，因此需要选择【Set】并手动为该变量输入“Hello World!”。之后将设置好的变量连至【Print String】的【In String】引脚，便可每 0.0167 秒在屏幕上输出一次“Hello World!”。

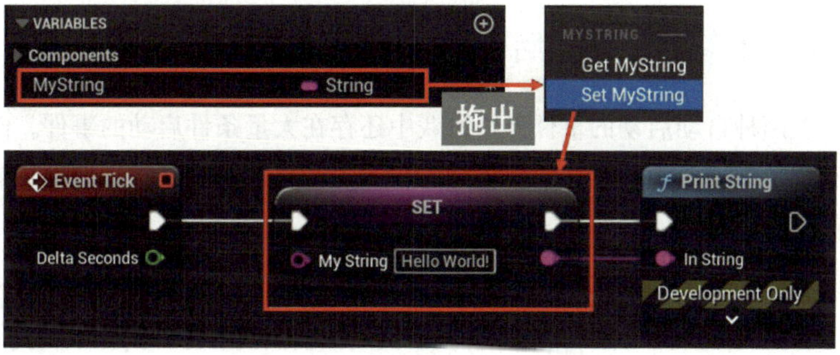

图 3-10

事件的编写非常灵活，实现同一个功能的方法有很多。例如我们还可以像图 3-11 这样用【Delay】（延迟）节点自定义一个间隔时间 0.2 秒，之后通过首尾相连的方式让运行循环，便可每 0.2 秒在屏幕上输出一次“Hello World!”。【Delay】右上角有一个时钟图标，表示它是一个异步（Asynchronous）节点，在等待的 0.2 秒期间，系统会去运行其他节点，等计时结束后再返回【Completed】引脚执行其后的内容。

图 3-11

很显然这是一个永不停歇的循环。如果想要给它增加一个出口，我们可以新建一个【Boolean】（布尔）变量——所谓布尔变量，是指只有 1 和 0 两种数值，分别代表“是”和“否”的变量，经常搭配【Branch】（分支）节点用来做条件判断（图 3-12）。

当布尔变量为 1 时，循环会一直进行下去；当它在别处被变更为 0 后，此处的循环会因为不满足分支判断条件而停止。

图 3-12

3.3.3　小球下落撞击地面后在屏幕上显示文字

除了以上两种自动启动的事件外，游戏中还存在大量条件启动的事件。例如上一节我们刚刚实现了小球自由下落并触碰地面的功能，如果想要小球触碰地面时输出字符串该如何设置呢?

对于这类绑定网格体的事件，我们可以直接在蓝图的 Actor 组件中选中该网格体，单击鼠标右键并在【Add Event】（添加事件）中找到很多预设事件，例如本次我们需要使用的【On Component Hit (Sphere)】（当组件命中时），单击鼠标左键选中该事件，它便会被自动添加到事件图表中以供使用（图 3-13）。

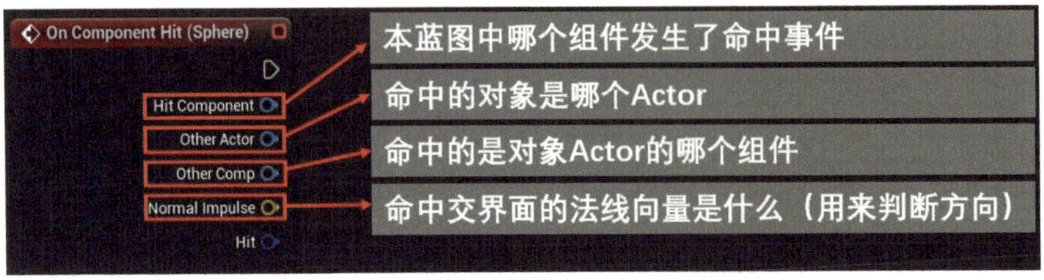

图 3-13

可以看到预设节点可以输出很多有用信息，尤其是【Other Actor】——结合【Branch】和布尔变量就可以为事件设定一个“监测命中对象”来判断其是否继续运行，比如球打中人了该如何，打中墙了又该如何等（图 3-14）。

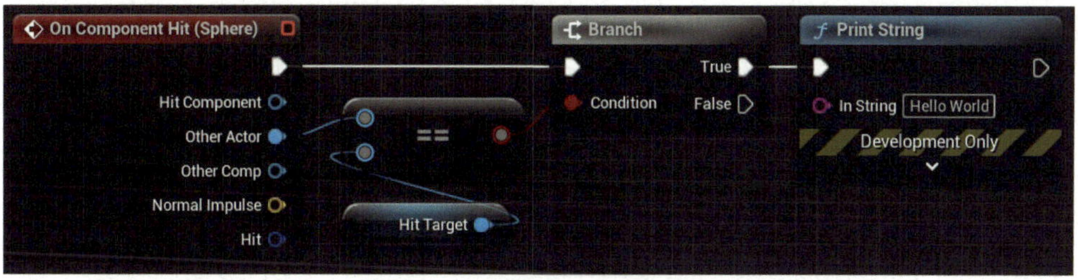

图 3-14

图中的"=="节点的名称是【Equal】（等于），在编程语言中为了区别于赋值的"="通常使用两个等号。【Other Actor】等于的对象是另一个我们新建的类型为 Actor 的变量。是不是很有意思？蓝图的数学运算并不局限于数字，可以是任意对象或类。

另外在使用等于节点时需要确认网格体是否已开启了命中事件的开关。在细节面板的【Collision】→【Collision Preset】（碰撞预设）的最下方有一个【Simulation Generates Hit Events】（模拟生成命中事件），将其勾选后命中事件才会生效。类似的还有两个对象重叠触发的事件，比如【On Component Begin Overlap】（组件开始重叠时），也要在碰撞预设中将【Generate Overlap Events】（生成重叠事件）勾选才能生效。

3.3.4 按【Q】键在屏幕上显示文字

再来看一种由玩家手动控制的事件开始方式：按键盘上的某键（以【Q】键为例）开始事件。图 3-15 左图所示这个事件相当简洁——按一次【Q】键，输出一次字符串。

有趣的是，如果我们按图 3-15 右图所示的方式将【Pressed】（按下）和【Released】（松开）两个引脚均联入【Print String】，这个事件也是成立的。此时我们按一次【Q】键会输出一次字符串，松开【Q】键也会输出一次。也就是说多个结束引脚连至同一个开始引脚是可行的。但反过来则不行，即一个结束引脚不能同时连至多个开始引脚，这是因为计算机并没有"同时"的概念，无论两个节点之间执行的间隔时间有多短，在芯片看来它们仍然存在执行的先后顺序，因此我们必须将这种先后顺序指定清楚。

图 3-15

当我们真的需要近乎同时进行两件事时——例如输出字符串“Hello World!”的同时，我们还需要播放一段来自 StarterContent → Audio 文件夹的音效文件 Explosion01，播放音效可以用【Play Sound 2D】（播放音效 2D）节点来实现。

第一种方法是先输出字符串，紧接着播放音效，如图 3-16a 所示。芯片的运行速度极快，即使执行顺序有先后，但在肉眼看来和同时执行没有任何区别。

第二种方法是用【Sequence】（序列）将两个节点并联起来，如图 3-16b 所示。其实这种方法和前一种方法并没有本质上的差别，芯片仍然会区分先后执行顺序，因此更多的只是节点编写和管理上的便利。

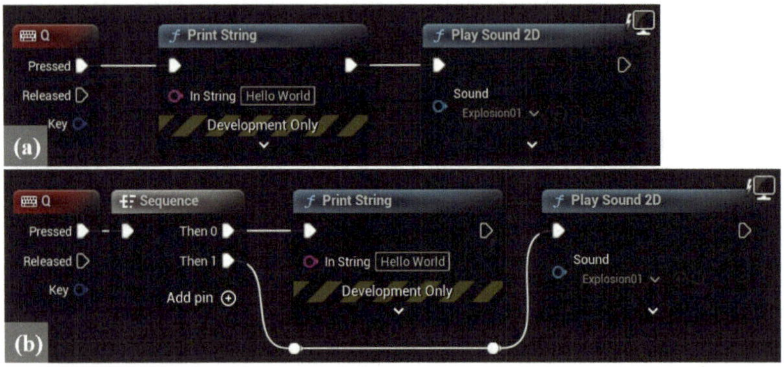

图 3-16

这里顺便提一个主线内容之外的小问题：是不是有读者朋友发现运行游戏后直接按【Q】键无效，需要先用鼠标单击一下屏幕，然后按【Q】键才能生效？这是因为系统不会默认所有来自玩家的输入都有效，这一点在多人游戏中尤其重要。用蓝图同样可以找到解决方法（图 3-17），指定【Player Index】（玩家编号）为“0”（如果是单人游戏，就是玩家自己）的玩家为游戏的输入者即可。

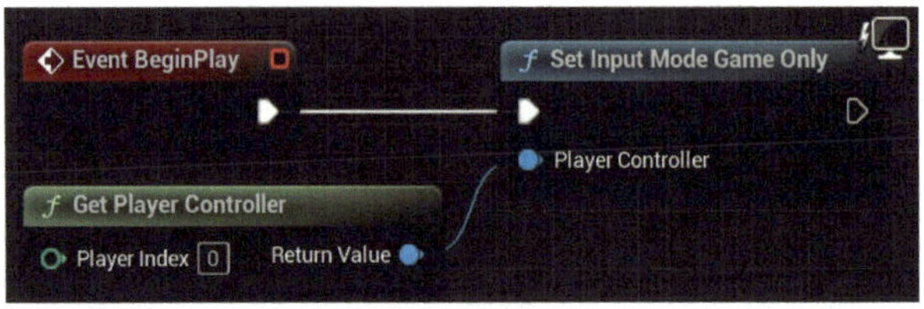

图 3-17

这样在游戏开始后就无须先单击屏幕，直接按【Q】键便可触发事件了。

3.4 控制小球动起来

热身运动完成，是时候让小球动起来了！当物体结构足够简单时，我们可以直接依赖物理运算推动小球。就像小球会受重力影响落下那样，给它施加任意方向上的力，它就会在该方向上产生位移。正好我们在3.2节中启用了小球的物理模拟，因此前提条件已经具备。

3.4.1 给小球增加一个前进的冲量

给网格体组件施加一个冲量可以用【Add Impulse】（添加冲量）来完成（图3-18）。引脚【Impulse】就是施加在目标上的冲量数值，它是一个方向向量，在填写时请参考关卡左下角的世界坐标系，确定前后左右对应的数轴及其正负。例如本书的示例中前进方向是*y*轴负方向，因此填入–300；后退方向是*y*轴正方向，则应为300。

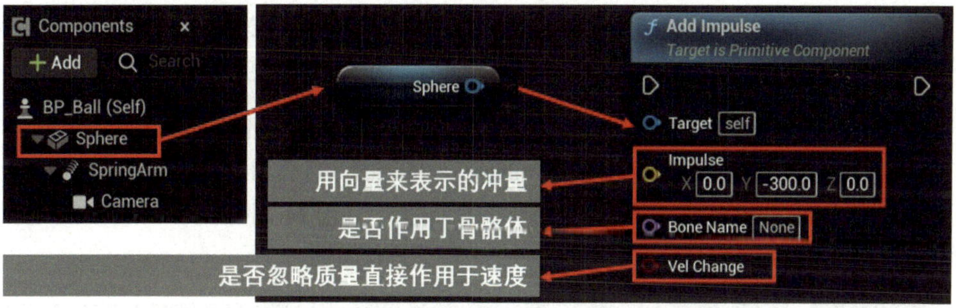

图 3-18

此外这里涉及“组件变量”的使用。上一节我们说蓝图的数学运算并不局限于数字，这句话对变量同样适用。除了整数、小数、布尔值、向量这些经典数值变量外，Actor中的组件（甚至Actor自身）都可以是变量。调用方式仍然是将其简单快速地直接拖入事件图表即可。

可如果单单只用这一个节点作为按【Q】键的事件，很容易产生连按【Q】键之后冲量不断叠加以至小球速度飙升的Bug。因此我们可以在每次施加冲量之前，用【Branch】做个判断，看看小球的速度是否已经达到我们设定的速度上限，如已经达到则不再施加冲量（图3-19）。

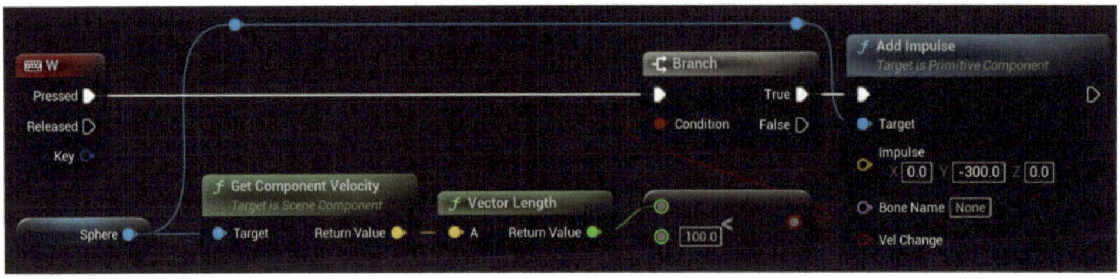

图 3-19

这样我们就将前进方向的事件写好了。如果前进、后退、向左和向右分别用【W】【S】【A】【D】键来控制，那我们只需将图 3-19 中的事件复制 3 份，并分别换上其他 3 个按键的事件，再修改一下【Impulse】的数值即可完成所有方向的事件编写。

3.4.2　用 Macro（宏）和自定义事件将节点“打包”

虽然事件图表的可书写范围无限大，但有效信息还是越精简越好，尤其是图 3-19 中这么大一串节点重复写 4 遍实在不利于阅读。因此我们可以用【Macro】（宏）将除了事件开始节点以外的所有节点打包成一个“大节点”，这样用起来更方便。

添加新的宏可以在【My Blueprint】→【Macros】中单击⊕，此外还可以选中想要“打包”的节点，单击鼠标右键，选择【Collapse to Macro】（折叠到宏）进行快速打包并自动添加到【My Blueprint】。完成后这些节点就带有了一个“M”标识（图 3-20）。双击鼠标左键可以展开这个“打包节点”的事件图表界面进行编辑。

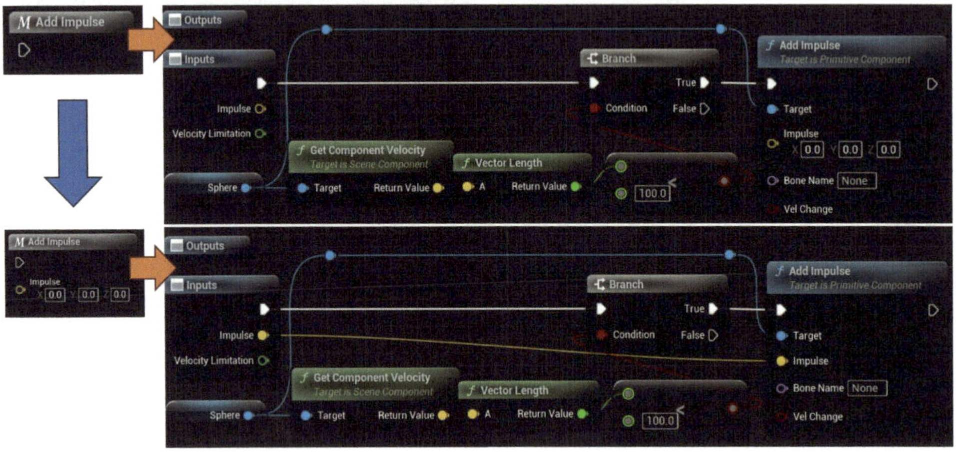

图 3-20

然而我们打包的时候把唯一需要更改的引脚【Impulse】也一并装进去了，因此有必要把这个引脚暴露出来，作为宏的【Inputs】（输入）在每次调用时单独输入其数值。将其设置成输入值的方法依旧简单快捷：直接把它接到宏的【Inputs】节点上即可自动完成添加。如图 3-20 所示，这样我们就得到了一个可以输入【Impulse】的宏节点。

我们还可以把用来控制小球速度的浮点数 100 也拉入【Input】，这样宏内所有可输入的数值就全都暴露出来，剩下的节点可以安心地被“封装”了。

其实除了可以使用宏来打包节点外，事件本身也可以用来打包。由蓝图自带的开始节点所引导的事件一般无法像宏那样被直接调用，我们需要新建一个自定义事件（Add Custom Event）来联入要封装的节点，之后在蓝图的任意事件中就可以直接通过输入该自定义事件的名称找到并调用它（图 3-21）。

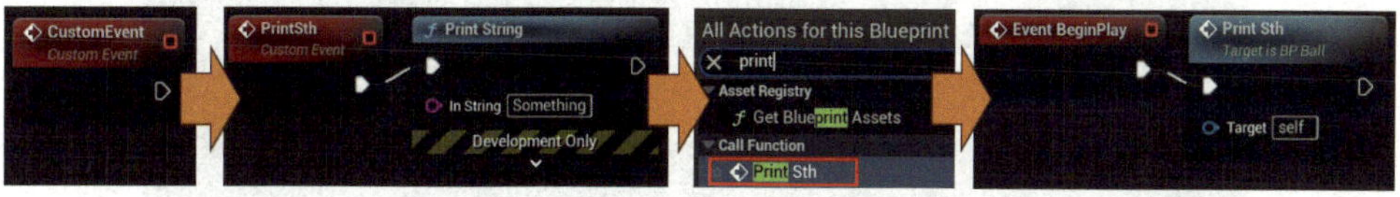

图 3-21

宏和事件在使用上有较大的区别。宏包含的节点只是事件的碎片，它可能会涉及输入值（Inputs）和输出值（Outputs）这些在事件内传递的各种数值和变量，因而只能被用于当前蓝图中。而事件则不输出任何数值，所以它在任何蓝图中都能被灵活调用。

3.4.3 使用 Timeline（时间轴）持续施加冲量

在检验蓝图的初步效果时，我们很容易发现一个问题：按【W】键对小球施加向前的冲量，小球开始滚动，但这时按【S】键施加相反方向的冲量，小球会瞬间停止运动。

很显然更真实的效果是当我们给小球施加反方向冲量时，小球应该逐渐减速后停下。这就要求冲量的施加不能一蹴而就，把单次的大冲量分割成多次持续施加的小冲量会更好。由图 3-19 可知，按键节点有【Pressed】（按下）和【Released】（松开）两个执行引脚，那不妨将事件设计成“按住不放则持续施加冲量，松开按键则停止施加”。正好能完美匹配这一需求的节点就是【Timeline】（时间轴）。

时间轴节点只能通过搜索关键词“Add Timeline”（添加时间轴）的方式找到并调用，而且与其他节点调出即用的使用方式不同，我们需要双击它打开时间轴的编辑界面预先对其进行编辑（图 3-22）。

图 3-22

通常来说我们需要添加一个随时间变化的【Track】，并根据其值的变化来执行某些操作。但这次不用——我们只需要利用它随时间流逝反复执行后续节点，以及可以便利地开始执行和结束执行这些特性。将【Length】（时长）设为一个足够让小球缓慢加速到最大限速值的时间，例如 6 秒。之后按图 3-23 所示将各引脚相连接即可。

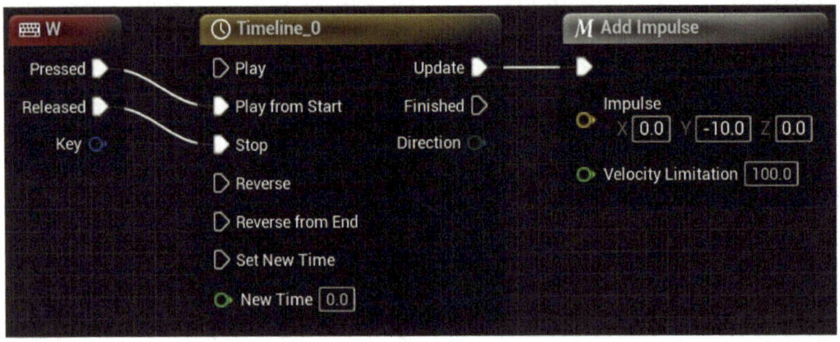

图 3-23

值得一提的是，时间轴节点和【Delay】等时间节点都不能打包进宏，只能在事件图表中使用。

3.5 小球吃金币得分

我们的项目正在成为一个真正的游戏，接下来需要做的是设置一些玩法。还是先从简单的开始吧：一边控制小球滚动，一边吃金币积累分数，等分数达到 10 分后赢得胜利并结束游戏。

3.5.1 放置一些会自动旋转的金币

不知从什么时候开始，游戏界好像有了一条“只要是能吃的金币就一定会转起来”的规则。既然如此我们也遵守一下以示尊重吧！

首先新建一个蓝图文件。还记得图 3-1 的窗口吗？这次是不带任何特殊功能的蓝图，因此选择【Actor】即可。至于硬币，我们可以用 StarterContent → Shapes 中的 Shape_Pipe 网格体来替代，把它拖进蓝图视口，再把它沿 y 轴缩小 90% 就很像金币的形状了。最后把 StarterContent → Materials 中的 M_Metal_Gold 金属材质赋给它，当然自己做一个材质也没问题。

至于转动，可以理解为物体的【Rotation】（旋转）不停改变的过程，因此使用节点【Add Local Rotation】（添加本地旋转），其作用对象（Target）是金币网格体组件（图 3-24）。

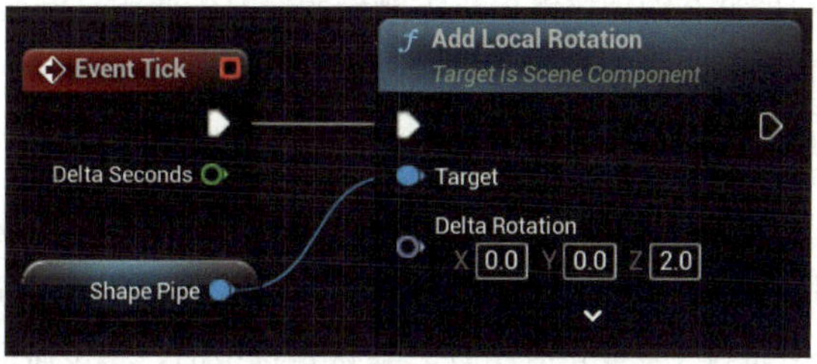

图 3-24

所有放置在场景中的金币初始角度都是 0，因此这些金币转起来会一模一样。如果想要有些随机差异的话，可以在【Event BeginPlay】中用【Add Local Rotation】节点给金币增加一个初始角度。由于只需要 z 轴上的角度，可以将鼠标指针悬停在【Delta Rotation Z(Yaw)】引脚上，单击鼠标右键并选择【Split Struct Pin】（分割结构体引脚），最后用【Random Float in Range】（范围内随机浮点）为 z 轴设定一个随机小数（图 3-25）。

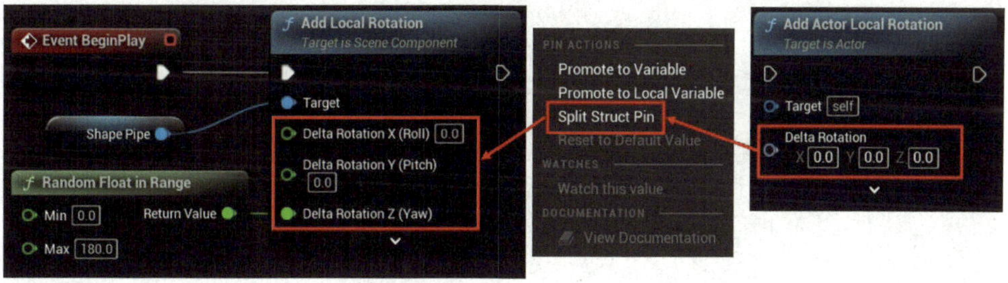

图 3-25

这样设定后，虽然摆在关卡中的金币看上去仍然相同，但一旦游戏运行后，这些金币就会表现出 z 轴角度上的初始值差异了。

3.5.2　用重叠事件判断金币触碰小球后让金币消失

虽然我们说“吃金币”，但显然不可能是小球真的把金币吸收了，这一过程大致可分为小球触碰金币后金币消失，以及金币消失后分数增加这两个过程。

有了 3.3.3 节的铺垫，应该有不少人想到可以用【On Component Hit (Sphere)】事件来实现金币命中主角后消失的效果。这是个不错的想法，感兴趣的读者朋友可以自己试一下。这次我们换另一个同样常用的重叠事件来实现这一效果。

重叠事件一般在虽没有物理接触但仍需触发的情况下使用，例如主角靠近 NPC 按确定键对话、人物靠近某地点发生剧情等。这个时候我们通常会需要一个表示触发范围的“虚拟碰撞”来帮助进行判断。

我们给金币蓝图添加一个新的组件【Sphere Collision】（球形碰撞体）——它其实就是自定义碰撞时添加的球形网格体，但在细节面板的【Collision】里可以看到它的【Generate Overlap Events】（生成重叠事件）默认是选中的，单击碰撞预设左侧的▶可以看到球形碰撞的【Collision Responses】（碰撞响应）下的选项几乎全都是【Overlap】（重叠）。这是因为根据碰撞预设类型的不同，Unreal Engine 会给出不同的碰撞响应（图 3-26）。

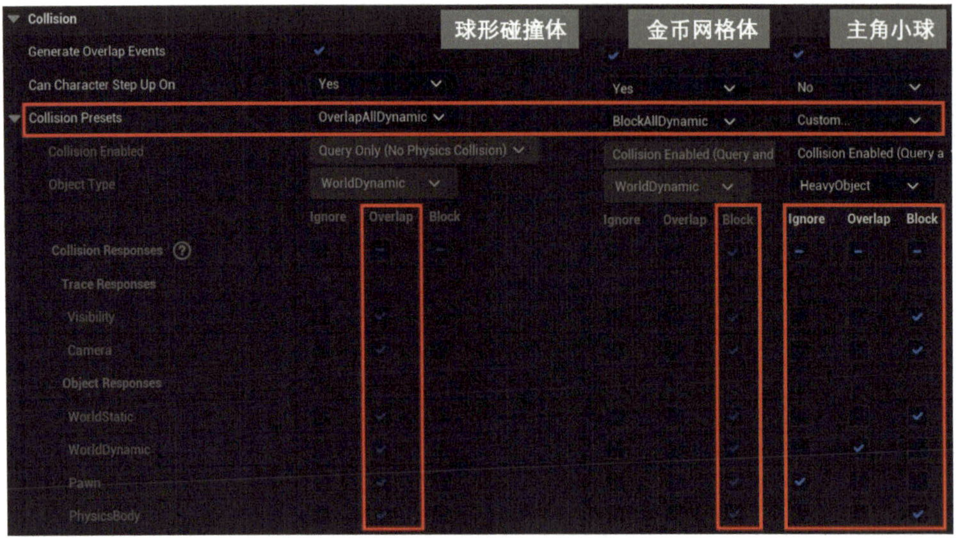

图 3-26

而我们现在只需确保两点：首先小球的生成重叠事件是开启的，其次碰撞响应中对球形碰撞体的响应是设置在“重叠”一栏的。

至此漫长的预设工作才算完成，终于可以开始正式地编写事件了。

选中刚添加的球形碰撞体，在组件栏单击鼠标右键添加事件【On Component Begin Overlap】（组件开始重叠时）。当然首先需要判断它的重叠对象是不是小球蓝图，不然会出现它随便和任意对象发生重叠都能得分的问题。因此按照图 3-14 的逻辑，需要先把图中的“Hit Target”（虽说这次应该叫“Overlap Target”）替换为小球 Actor 变量。

在一张蓝图中使用另一张蓝图中的内容，这在 Unreal Engine 中被称为跨蓝图通信。该操作可以用【Cast To】（类型转换为）节点实现，该节点是需要在搜索框中分别输入“Cast to”和“目标蓝图名”两个部分才能找到并创建的特殊节点（图 3-27）。

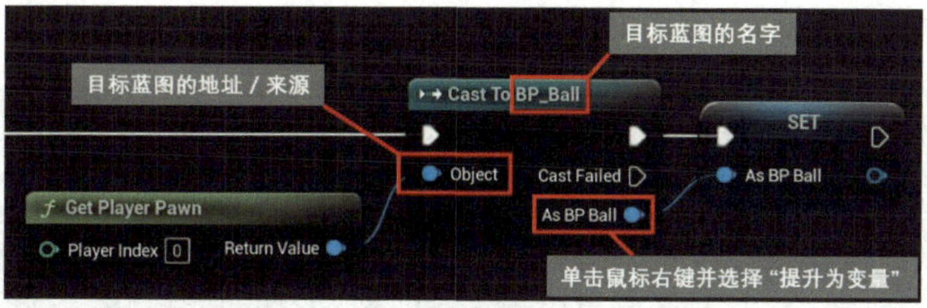

图 3-27

在使用该节点时必须连接【Object】引脚来标示出目标蓝图的来源或者说“通信地址”。不同蓝图的来源不同，对于玩家操控的【Pawn】类蓝图，我们可以用【Get Player Pawn】（获取玩家 Pawn）按照【Pawn】类蓝图被放置到场景中的顺序填入相应的【Player Index】来获取。

为了方便后续使用，我们可以将类型转换得到的对象生成为变量。将鼠标指针悬停于【As BP Ball】引脚处，单击鼠标右键并选择【Promote to Variable】（提升为变量），便可以在变量栏中找到自动生成的小球蓝图变量。至于金币消失，则可以用【Destroy Actor】（销毁 Actor）来实现（图 3-28）。

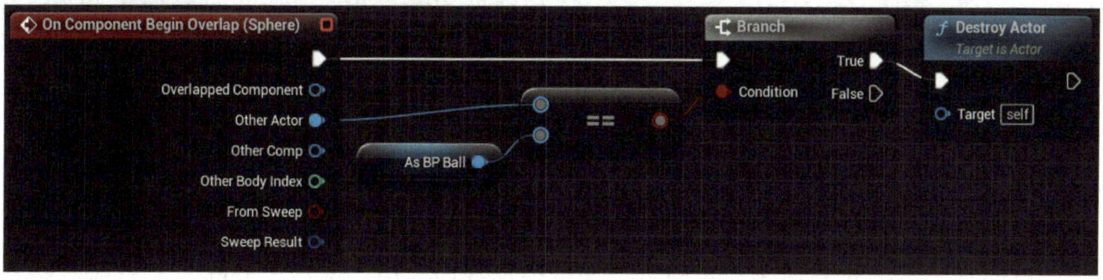

图 3-28

3.5.3　累计分数与结束游戏

所谓计分，本质上就是每发生一次重叠事件，某个数值变量就加 1 的过程，它的关键点在于这个数值变量应该被放在哪张蓝图中。金币蓝图显然不行，都销毁了还怎么计数呢？小球蓝图是个不错的选择，但仅限于游戏中不能切换使用角色时，一旦涉及角色切换就会很麻烦。但鉴于上一小节我们刚完成对小球蓝图的引用，同时暂时也没打算切换使用角色，所以就放在小球蓝图里吧。

首先在小球蓝图中新建一个整数变量，命名为“Score”。之后回到金币蓝图，在图 3-28 的销毁 Actor 节点之前（加在销毁 Actor 节点之后显然不行，蓝图销毁了后续节点就没法执行了）增加一个调用主角蓝图中 Score 变量并使其加 1 的操作（图 3-29）。

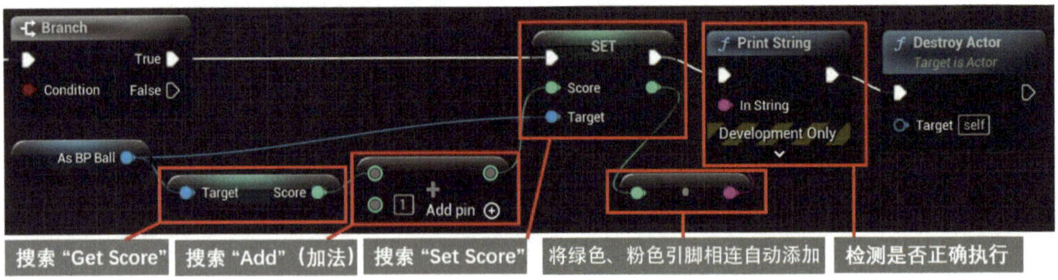

图 3-29

当然，这种大费周章先【Get】变量，之后仅仅是将数值加 1 又【Set】变量的操作，实在是有些烦琐，因此我们也可以使用编程语言中常用的【++】运算来快捷实现这种“数值加 1”的操作（图 3-30）。

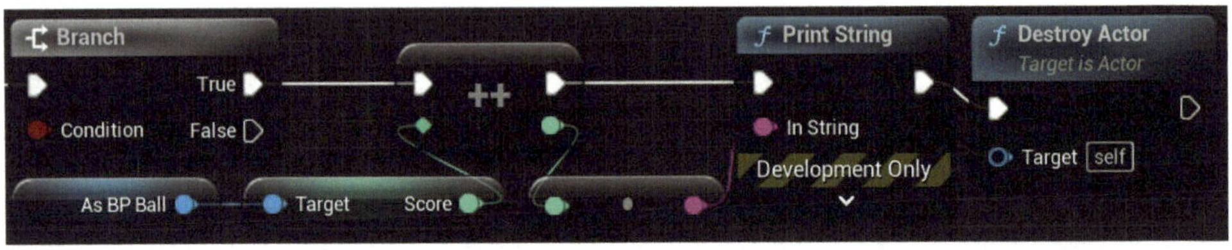

图 3-30

至于【Print String】的存在，完全是为了检验是否正确地进行了加分，同时在屏幕上直观地把当前分数展示出来（UI 的制作要下一章才会讲到），并非必需节点。

最后是结束游戏的功能。我们可以在每次加分后，用一个分支判断一下当前分数是否达到了设定值（示例中是 5），如果没有达到则执行销毁 Actor 操作，达到了则使用

【Quit Game】(退出游戏)节点退出游戏(图 3-31)。

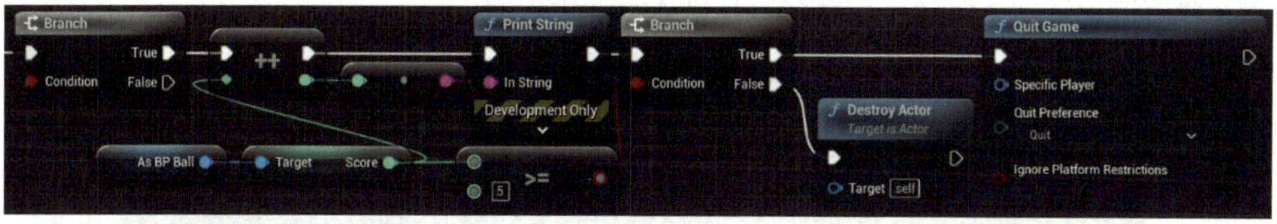

图 3-31

3.6 达到一定分数后进入下一关

对于普通游戏而言，达到一定分数后除了结束游戏外，还有可能会进入下一关。事实上到目前为止我们所有的工作都是在同一个关卡中进行的，因此本节我们来探讨一下如何切换到一个新的关卡。

3.6.1 在游戏中切换至新建的 Level

首先关卡也是一种文件形式，和蓝图、材质并没有什么不同，因此新建一个关卡文件也可以通过单击鼠标右键在菜单中选择【Level】(关卡)实现。但要找到当前打开的默认关卡则有点小麻烦，因为不同版本的 Unreal Engine 中，默认关卡的存储路径有较大差别。对此，我们可以查看软件界面左上角(图 3-32)的关卡名称，如果是“Untitled”，那说明当前使用的是引擎自带关卡模板的副本，需要单击保存按钮选择一个路径来存储它。

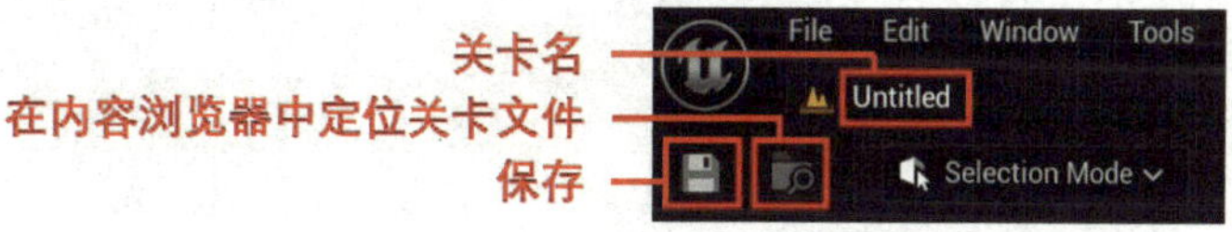

图 3-32

如果是一个具体的名字，则可以单击定位按钮在内容浏览器中定位该关卡文件。有些版本没有定位按钮，这时可以在顶部菜单中选择【Project Settings】(项目设置)→【Maps & Modes】(地图和模式)→【Default Maps】(默认地图)一项，找到当前使用的关卡。

之所以这么大费周章地定位当前的关卡文件，除了方便文件管理外，还因为我们必须要知道关卡名称。因为当使用节点运行指定关卡时，需要填入所运行关卡的名称。将

图 3-31 中最后的【Quit Game】换成【Open Level (by Name)】（图 3-33），这样玩家在控制小球吃完设定的 5 个金币后就会直接进入下一个关卡。

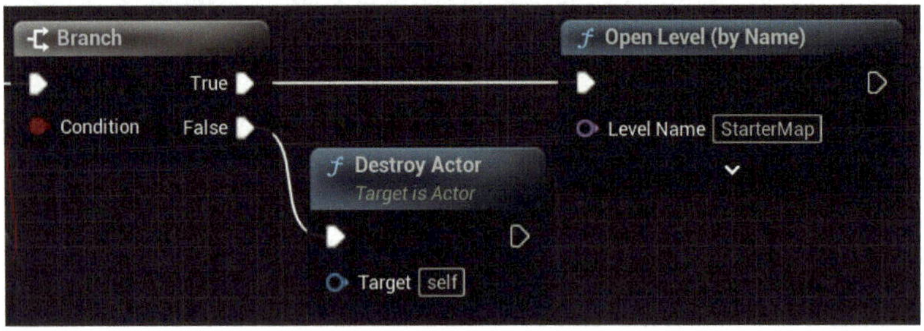

图 3-33

3.6.2　保持游戏 Level 之间设置的一致性

在搭建好新关卡，并放置了玩家出生点后，游戏大概率会出现一个问题：在进入下一关时主角小球没了。

这是因为我们之前改写的【World Settings】（世界场景设置）→【Game Mode】（游戏模式）→【GameMode Override】（游戏模式重载）下的游戏模式文件是绑定“当前”关卡的，新关卡也要重复一遍这个操作，并将重载的游戏模式设置为包含了主角小球的文件。或者直接在顶部菜单选择【Project Settings】（项目设置）→【Maps & Modes】（地图和模式），将【Default GameMode】（默认游戏模式）改成我们自定义的文件，使该游戏模式对整个项目的所有关卡生效（图 3-34）。

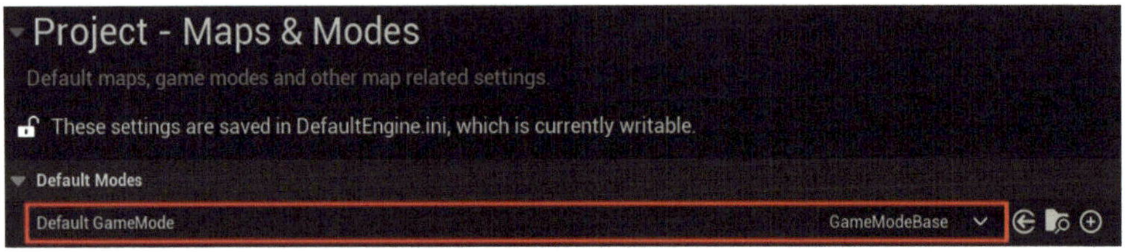

图 3-34

此外，由于我们在控制小球时用到了世界的绝对方向，因此还应该注意关卡之间方向的一致性。

3.6.3 存储关键信息并在下一关开始时读取

在下一关我们仍然要继续吃金币来得分。假设第一关吃到了 5 个金币的小球成功进入第二关，如果此时它继续吃金币，计分又重新从 0 开始了，也就是说小球蓝图中用来存储分数的【Score】变量在第二关开始时被初始化为默认值 0 了。

这是因为每当一个【Level】文件被加载，就意味着它所涉及的所有文件都要被初始化一遍，其中就包括【Game Mode】中的蓝图。因此当我们希望第二关的分数能在第一关的基础上累积，就意味着我们需要一个能独立于关卡之外的空间来存放想要不被初始化的数据，最好直到游戏结束都不会被消除。

这个空间就是【Game Instance】（游戏实例）。

它的创建方式和普通蓝图不同，在【Project Settings】（项目设置）→【Maps & Modes】（地图和模式）→【Game Instance】（游戏实例）中单击图 3-35 中的加号，生成并选择一个路径来存放该项目的游戏实例。

图 3-35

运行创建好的游戏实例，会发现它看上去像一个只有事件图表没有组件的蓝图。我们需要做的就是新建一个整数变量，将其命名为“GI_Score”。接下来就需要在金币蓝图的重叠事件中，将之前小球蓝图中用来计分的变量“Score”全都替换成游戏实例中的“GI_Score”。

当然，即便调取的是游戏实例这一特殊蓝图，那也是在“引用”另一张蓝图，因此用【Cast To】进行类型转换必不可少（图 3-36）。

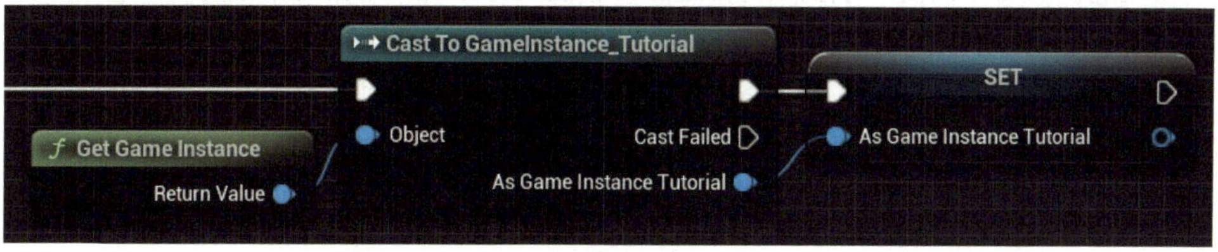

图 3-36

对比图 3-27 就能发现，作为指示目标蓝图的来源或者说“通信地址”的【Object】引脚此时换成了【Get Game Instance】（获取游戏实例）。

同时之前设定的当得分大于 5 时进入下一关也不再适用了，因为进入下一关后得分肯定大于 5，此时吃一个金币就会立刻进入下一关，我们需要顺带解决一下这个逻辑问题。解决方法相当多样，读者朋友们完全可以随意设计一种。作为参考，图 3-37 中采用的方法是：在游戏实例中再设置一个整数变量“GI_Level”，用来记录当前关卡，判断方式从单纯的大于 5 变成大于 5 乘以“GI_Level”。

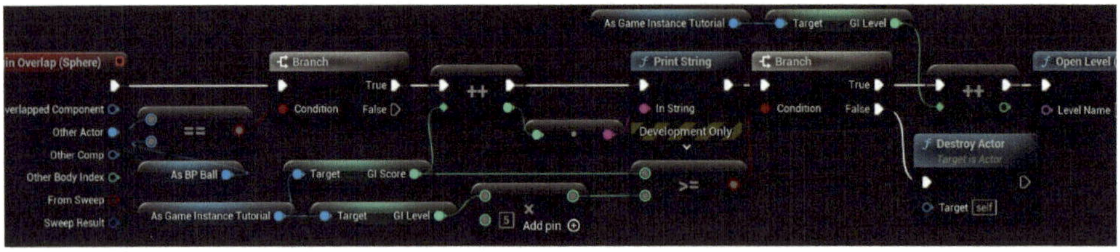

图 3-37

之后每次进入下一关时，“GI_Level”也相应加 1，这样每关所对应的进入下一关时所需要的得分就变成了 5 的整数倍。

3.6.4　从多个出生点中选择一个进入下一关

在实际的游戏中，两个关卡可能就是同一座建筑的一楼和二楼，玩家会频繁在这两个场景中往返。这时有个无法回避的问题，即当我们分别从一楼两个不同的楼梯走向二楼场景时，出生点应该也是不同的。

相信有读者朋友立刻就会想到使用游戏实例。没错，无论要传递的是什么内容，要做的无非都是在前一个关卡关闭前获取并保存一个数据，在下一个关卡开启后首先读取并使用它。那对于出生点来说如何传递区分它们的标签呢？单击场景中的【Player Start】（玩家出生点）Actor，在它的细节面板中可以找到【Object】→【Player Start Tag】（玩家出生点标签），其默认值是【None】。我们可以按照“关卡数”+“出生点号”的方式对所有出生点编号，例如“1A”“2B”，用这些标签来区分各出生点。

但和传递数值不同，出生点自身并没有蓝图，因此我们需要一个可以设置它的途径。打开【Game Mode】（游戏模式）蓝图，将鼠标指针悬停在【My Blueprint】→【FUNCTIONS】（函数）的加号旁，会出现【Override】（重载）的下拉菜单（图 3-38）。接下来我们会接触到与宏（Macro）、事件（Event）类似的节点打包工具中的最后一种——函数（Function）。

重载下拉菜单中包含的都是【Game Mode】蓝图里可以被覆写的内置函数。函数是功能明确的、模块化的节点组合，【Choose Player Start】（选择玩家出生点）就是其中之一。

图 3-38

函数与自定义事件最大的区别就是函数可以输出数值，很多时候这也是区别使用这两者考虑的唯一因素。除此之外从程序上讲，函数是单一线程，它一旦被调用就会一口气执行到结束，因此和宏一样，它不能使用延迟这类时间节点；而自定义事件在被调用时是在另一条独立线程中执行的，它无须返回一个结果，因此当它使用延迟节点时，系统就可以跑到其他线程中去运行别的节点，等计时结束再回到自定义事件所在线程中执行剩下的节点。函数和自定义事件都可以跨蓝图调用。

图 3-38 中的【Player】引脚是【Choose Player Start】函数的【Input】（输入），表示“为谁选择出生点”；【Return Node】（返回节点）或者说输出节点中的【Return Value】（返回值）则表示“选择了哪个出生点”。因此我们只要把所选择的出生点连至【Return Value】就完成了设置。

选择出生点可以使用【FindPlayerStart】（寻找玩家出生点）节点，它的【Incoming Name】引脚对应我们刚才编辑的【Player Start Tag】标签（图 3-39）。

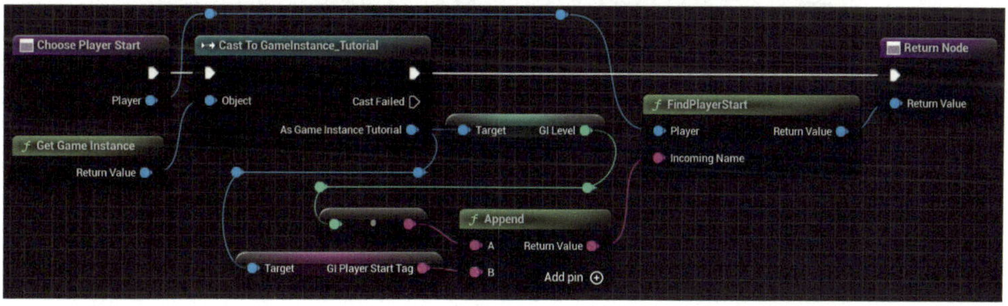

图 3-39

由于出生点是按照“关卡数”+“出生点号”来编号的，为了让编号的填写更“自动化”，我们可以在游戏实例蓝图中建立两个变量来分别存储这两部分的信息。前者已经有“GI_Level”整数变量了，对于后者，我们可以再新建一个“GI Player Start Tag”的【String】（字符串）变量，并在细节面板中将它的默认值设为 A。然后用【Append】（附加）节点将两个字符串“粘”在一起赋给【Incoming Name】。

之后剩下的工作就是每当玩家从第 1 关编号为 A 的“楼梯”进入第 2 关时，就在【Open Level】之前将游戏实例中的“GI Player Start Tag”变量设为 A；从 2B 进入第 3 关时将其设为 B，这样即可实现从不同的入口进入关卡出生点。

3.7 编辑蓝图在关卡中设置机关

游戏的基本框架已成型。然而参考市面上流行的闯关游戏，除了控制主角运动、得分、完成关卡外，还会设置各种自动运行或在特定条件下启动的机关障碍。我们不妨也试着用蓝图做一个。

3.7.1 自动往复运动的踏板

如图 3-40 所示，我们计划让踏板 B 在 B 和 A 两个位置做自动往复运动，这样小球在吃完右侧的金币后可以立在它上面移动到左侧。

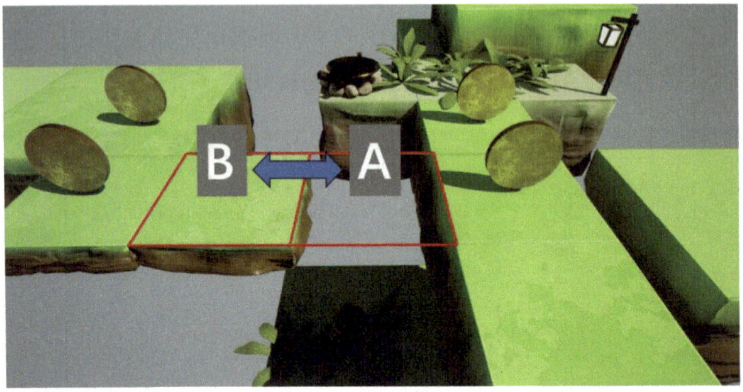

图 3-40

首先每当一个网格体需要被功能化时，就意味着我们要像对金币那样把它装进一个蓝图 Actor 里。

其次我们需要确定事件的触发条件。“自动”往复运动等于无条件触发，那可以直接用【Event BeginPlay】（事件开始运行）作为事件开始节点。之后是核心功能节点，考虑到踏板是“连续”地“改变位置”，可以使用【Timeline】（时间轴）来呈现时间连续变化的过程，同时配合【Set World Location】（设置世界位置）来不断改变踏板的位置（图 3-41）。

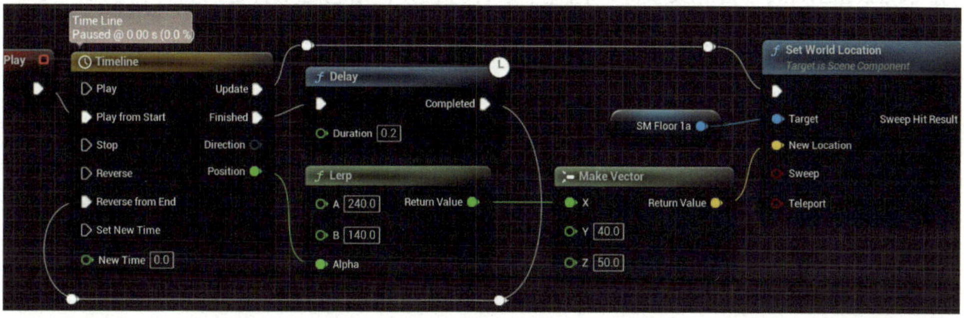

图 3-41

在 3.4.3 小节我们使用时间轴时仅利用了【Update】执行引脚来反复执行其所连接节点的功能。这次换一个思路，为了让踏板在 A、B 两点间准确地往复移动，我们需要知道这两点准确的空间位置，即 (240, 40, 50) 和 (140, 40, 50)。之后让时间轴的 Y 值在 0 到 1 之间波动，并通过将其赋给【Lerp】节点的【Alpha】引脚来控制踏板的位置在这两点之间来回改变。

双击时间轴节点进入编辑器，单击【+Track】（轨道）添加一段浮点型轨道。在轨道上单击鼠标右键添加 4 个点，如果想要调整曲线形态可以选中 4 个点，将鼠标指针停留在任意点上，单击鼠标右键选择点的插值类型。例如当我们希望踏板位置突然变化而非逐渐变化时，就可以使用棱角分明的【Linear】（线性）（图 3-42）。

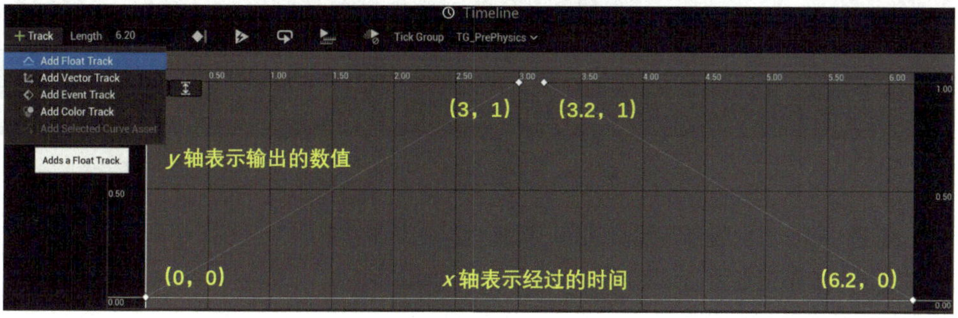

图 3-42

3.7.2 用小球来启动踏板的移动

我们继续这个踏板的故事。如果踏板一开始是处于静止状态的，需要让小球到达某地点后按开关键（例如靠近火盆按【E】键）来启动它，这在游戏中很常见。这时就需要使用【CustomEvent】（自定义事件）把整个事件打包，再给它起个合适的名称，例如“Start-Moving”，这样就可以通过直接输入这个自定义事件的名称来跨蓝图调用它了（图 3-43）。

图 3-43

可是又遇到了新问题。假设在小球蓝图中调用“Start Moving”事件，那【Cast To BP_Platform】要想正常发挥作用，【Object】引脚就必须正确设置——我们都知道这个引脚的作用是获取目标蓝图的“通信地址”，例如对于被玩家控制的【Pawn】和【Character】类型的蓝图，我们可以分别使用【Get Player Pawn】和【Get Player Character】来获取地址。那不受玩家控制的、被放置在关卡中的一个普普通通的 Actor 蓝图呢？

这时可以用【Get All Actors Of Class】（获取类的所有 Actor）来对关卡场景中放置的 Actor 进行地毯式搜索，目标为某类 Actor（此处是踏板蓝图【BP_Platform】类）。这类 Actor 可能会被重复放置很多个，因此【Get All Actors Of Class】的输出是一个数组，我们还需要用 Get a Copy（在调用后显示为【GET】节点）来得到特定【Index】（编号）所对应的那个 Actor（图 3-44）。

图 3-44

顺带一提这里的编号是按照 Actor 被放置到关卡场景中的先后顺序编排的，由于我们只放置了一个踏板蓝图 Actor，因此它在该类中的编号是 0。

最后是起“遥控”作用的开关——火盆蓝图。我们希望小球靠近火盆后【E】键才生效，那显然火盆与小球的重叠可以作为筛选条件。此处可以用【Branch】（分支）节点和对应的布尔变量来控制【E】键的生效，只有小球在与火盆蓝图重叠时布尔变量才会为“是”（图 3-45）。

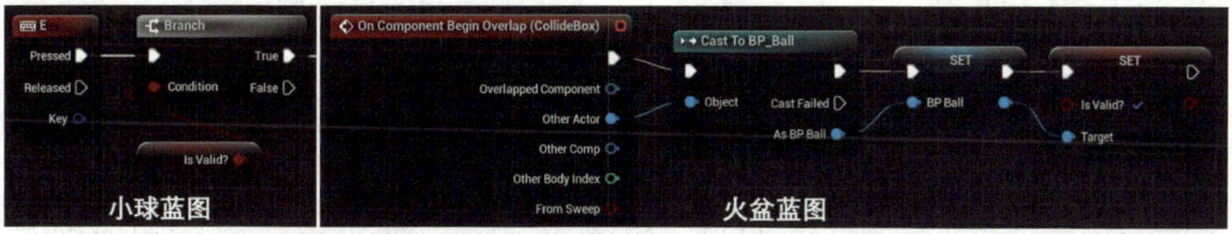

图 3-45

本例涉及 3 张蓝图间的信息传递。跨蓝图通信是 Unreal Engine 5 中非常重要的功能，因为一个成熟的游戏会包含大量蓝图，不可能避免相互引用。在我们用到的以上两种常见方法中，【Cast To】是属于典型的“一对一”式引用，它通过提前加载的方式将两张蓝图绑定在一起，可以尽可能缩短搜索对方蓝图的时间，适合需要频繁来回传递信息的两张蓝图。

而【Get All Actors Of Class】除了需要加载对方蓝图外，还要花上一定时间来搜索，因此效率上不如【Cast To】，但胜在结构简单、使用方便，且无须烦恼【Object】引脚的设置，适合在偶尔需要跨蓝图通信时快速引用事件。

3.7.3 用 Event Dispatcher（事件分发器）改写火盆蓝图

当然，小球蓝图除了一对一通信外，很多时候还需要一对多。比如在本例中虽然只有一个潜在启动机关，但实际游戏关卡中可能会有很多类似的机关，因此图 3-45 的这条事件链就会出现一个接一个的【Cast To】，从而变得很长很长。这时就需要考虑其他更合适的工具了。

例如 Event Dispatcher（事件分发器），我们只需要在小球蓝图中把“按【E】键”这个事件分发出去，之后众多绑定了这个事件的开关蓝图就会对其做出响应，并执行预先设置好的绑定操作。

添加事件分发器的位置在【My Blueprint】（我的蓝图）中【VARIABLES】（变量）一栏下方。单击加号新建一个分发器，将其拖入事件图表，在弹出的菜单中选择【Call】（调用）即可得到一个右上角带信封图标的特殊节点，将其联入按【E】键事件即可在小球蓝图中完成事件分发（图 3-46）。

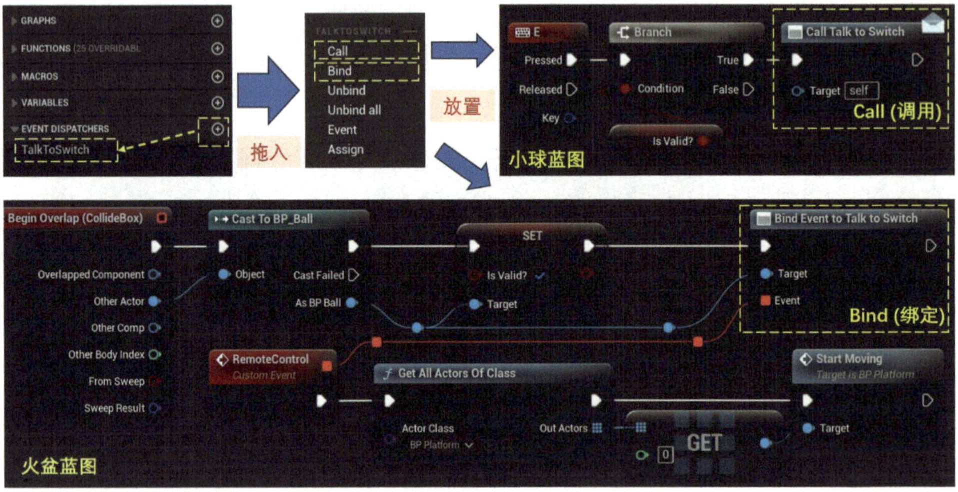

图 3-46

之后来到火盆蓝图，在通过【Cast To】引用的小球蓝图中调用节点【Bind Event to】（绑定事件到某分发器），这里“绑定”的含义是指当我们在小球蓝图触发按【E】键事件时，连接在【Bind Event to】节点【Event】引脚的自定义事件将会被执行，因此我们只需把连接的自定义事件设置成让平台移动即可。这样原本在小球蓝图中执行的操作就被转移到了作为接收方的火盆蓝图中，小球蓝图变得十分清爽。

以上便是一套完整的自定义事件分发的操作流程，除此之外，Unreal Engine 5 还内置了很多预设好的事件分发器。这些事件分发器会在满足特定条件时自动执行 Call 操作，使用时只需用【Bind Event to】将其绑定到自己编写的自定义事件上即可。在任意 Actor 蓝图中搜索“bind event to”，就可以找到 Unreal Engine 内置的事件分发器，例如【Bind Event to On Actor Hit】，它可以在 Actor 发生碰撞时触发（图 3-47）。

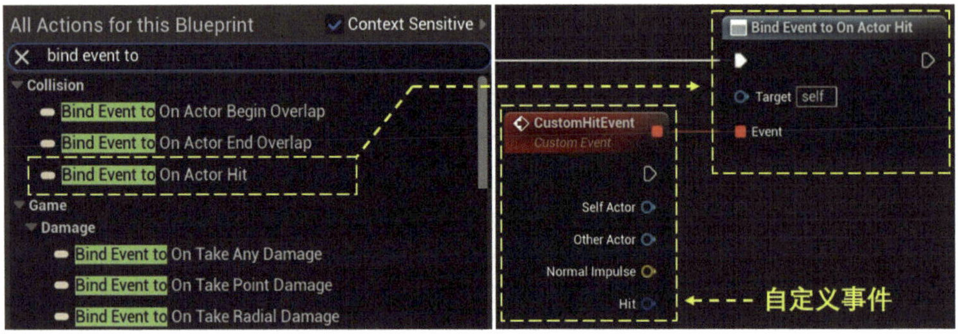

图 3-47

3.7.4 用 Blueprint Interface（蓝图接口）改写火盆蓝图

【Interface】（接口）也是一种蓝图通信工具。我们把一个特殊的【Interface】（接口）蓝图像标签一样插在开关蓝图里，让主角蓝图有针对性地去找周围的 Actor 中哪个带有接口，以此来实现通信。

接口是一种蓝图，首先要在内容浏览器中新建它，在鼠标右键菜单中选择【Blueprint】（蓝图）→【Blueprint Interface】（蓝图接口），打开它后会发现在接口编辑器中几乎什么都做不了，界面里硕大的“Read-Only”（只读）标识仿佛在告诉我们接口建好就能直接使用了。

事实确实如此。我们只能在【My Blueprint】（我的蓝图）中修改接口函数的名称、建立新的接口函数，或者在细节面板中为接口函数添加【Inputs】（输入）和【Outputs】（输出）（图 3-48）。

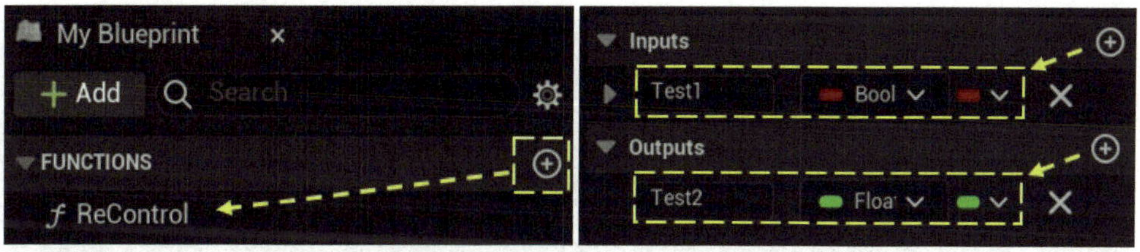

图 3-48

如果我们在这里为接口函数添加了输入、输出值，那后续在目标蓝图中调用接口函数时它就会被当作正常函数（function）来处理；如果没有添加，则会被当成事件（event）来处理。当然本例中我们不需要传递任何数据，因此无须添加输入输出值。

来到火盆蓝图，在工具栏中选择【Class Settings】（类设置），之后在细节面板的【Interfaces】（接口）中单击【Add】（添加），把刚才新建好的接口文件插入，这样就可以在【My Blueprint】（我的蓝图）→【INTERFACES】中找到接口蓝图里那个没有输入输出值的接口函数了。将鼠标指针悬停在该函数上，在单击鼠标右键弹出的菜单中选择【Implement event】（实现事件），最后就可以得到一个右上角带特殊图标的事件开始节点（图 3-49）。

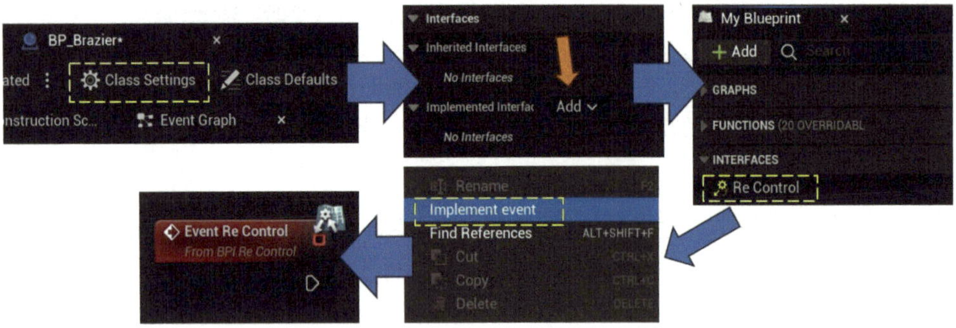

图 3-49

至此总算是完成了准备工作，接下来就要开始编写事件了。接口事件对应图 3-46 中被绑定在事件分发器上的自定义事件，因此对火盆蓝图中的编写内容只需稍微做一下删除和替换即可（图 3-50）。

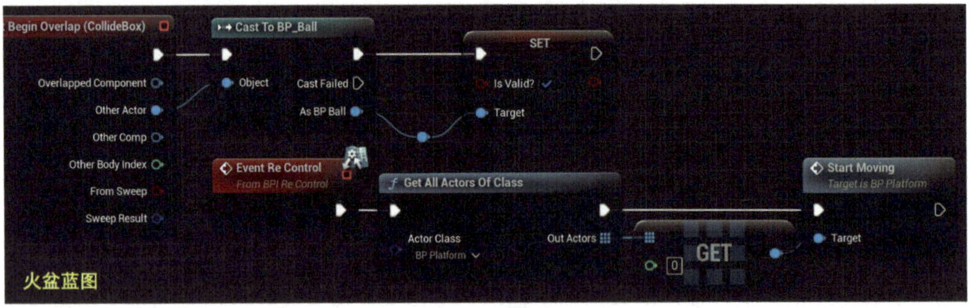

图 3-50

变化比较大的是小球蓝图。之前事件分发器的使用场景是假设有很多开关，小球蓝图把消息发出后所有开关都有可能会对该消息做出回应。而接口的使用场景并没有这么广泛，我们需要在小球蓝图中精准地筛选出送信对象并将指令传递过去。而能够帮助我们找到送信对象的两个条件一是和小球蓝图有重叠的 Actor，二是使用了接口（图 3-51）。

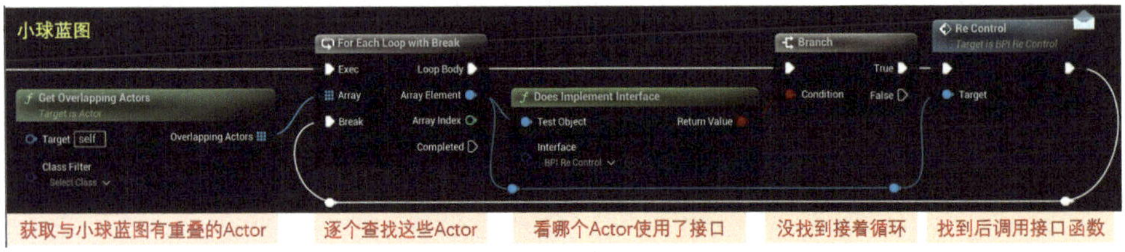

图 3-51

至此所有功能都已实现。不过当前示例中的跨蓝图通信，除了小球和火盆，在火盆和踏板之间也有。虽说后者我们用【Get All Actors Of Class】解决了（图 3-46、图 3-50），但显然也可以用接口来处理它。于是我们再新建一个接口，将其插入踏板蓝图，并用接口事件替代原函数【Start Moving】。这里将接口事件（接口函数）起名为“Begin Moving”，之后就需要在火盆蓝图中找一个可以替代【Get All Actors Of Class】与踏板蓝图建立通信的方法。

问题来了：当初小球蓝图可以精准找到火盆蓝图一是靠搜索接口，二是靠搜索重叠对象，那火盆和踏板没有重叠该怎么办呢？用【Get All Actors with Interface】（获取有接口的所有 Actor）进行地毯式搜索也不是不行（图 3-52），但这似乎和改动前差别不大。

图 3-52

这里我们可以考虑在火盆蓝图中通过设定变量的方式创建一个对踏板蓝图的引用，具体方式是新建一个变量，将其细节面板中将类型设定为【Object Types】（对象类型）→【Actor】→【Object Reference】（对象引用）。之后再单击变量旁边的图标让它变成，使该变量成为一个公开变量。这样我们就可以在关卡场景中选中火盆，并在其细节面板中找到这个公开变量（图 3-53）。

图 3-53

当然实际游戏制作中一个开关可能不止控制一个目标，这时就可以将变量类型从 Single（单个）改成 Array（数组），一次完成多个变量的赋值。最后我们可以使用作为“待选对象”的数组 Actor，配合接口最终找到要发送信息的对象（图 3-54）。

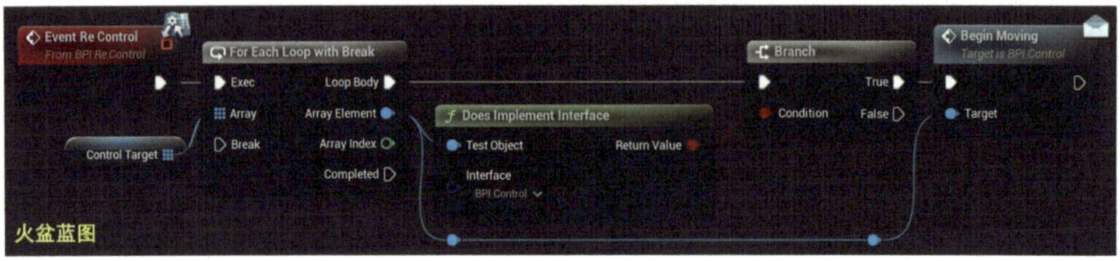

图 3-54

3.7.5　区别使用类型转换、事件分发器、蓝图接口

在区别使用这 3 种方法时，事件分发器可能最容易区分，当某个动作需要监测大量潜在响应对象时使用它最方便。而区分另外两个则有必要先了解一下 Reference（引用）这个概念，以火盆蓝图为例，单击鼠标右键，在下拉菜单中依次选择【Reference Viewer】（引用查看器）和【Size Map】（尺寸贴图）（图 3-55）。

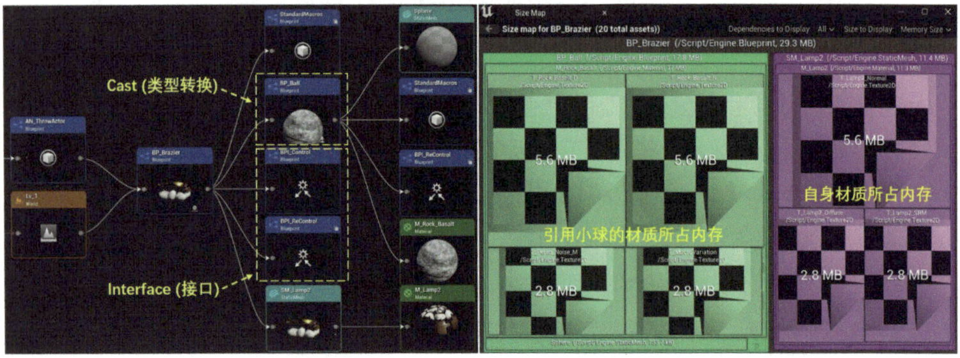

图 3-55

Reference 是指当一个资产被系统调取到内存中时，会调用它包含的所有相关内容。引用查看器可以查看某资产的引用关系、被引用结构。其左侧为引用该资产的对象，例如图 3-55 中火盆蓝图会被关卡蓝图引用是因为它被放置在关卡中；右侧是该资产所引用的对象，例如图 3-55 中它会引用自身的网格体和材质等。通常我们关注资产的右侧即可。

尺寸贴图可以查看一个资产被调取到内存中时会占用多少内存，以及这些空间是如何分配的。从图 3-55 右图可以看出大多数空间除了用于存放自身材质（主要是纹理图）外，还用于存放它所引用的小球材质，这是使用【Cast To】进行蓝图通信的结果。我们一般称这种“持续绑定”的引用为 Hard Reference（硬引用）。此外火盆蓝图还引用了两个接口，它们也起到了跨蓝图通信的作用，但并没有造成通信对象被包含在火盆蓝图中的结果，我们一般称这种“临时调用”的引用为 Soft Reference（软引用）。

硬引用的优点在于提前在内存中准备好了引用内容，使用时速度会更快；缺点是这些内容会一直占用一部分内存从而降低其处理能力，过度使用很容易造成掉帧。因此它适合用于保存能够让游戏顺利进行的核心内容。软引用比硬引用多了使用前调用这一步，并且在使用完成后系统会通过 Garbage Collection（垃圾回收）功能自动将它从内存中清理掉，是保持内存清爽的利器，但由于要手动设置调取流程，其蓝图的编写通常会比硬引用更复杂。此外若频繁读取大体量的引用内容，读取时间也会受到一定影响。

第4章

搭建玩家控制界面

在学会使用蓝图编写各种事件后，我们的游戏已经正式具备了“娱乐”属性，并可以通过键盘与玩家交互了。如果这是20世纪以Windows为代表的图形化操作系统诞生之前的游戏，那它已经足够让人满意了。然而作为一款21世纪的3D游戏，它目前还缺少能和玩家交互的图形化界面，即俗称的UI（User Interface，用户界面）。本章我们来一起完善这一部分。

4.1 制作一个显示当前得分的 UI

首先需要明白一点：UI 本质上也是一种蓝图。普通的 Actor 蓝图用组件搭建视口中玩家“看见”的部分，同时用事件图表编写其背后的运行逻辑。UI 蓝图——正式名称【Widget Blueprint】（控件蓝图）——的编辑器界面虽然不同于普通的 Actor 蓝图，但本质上一样是由视口和事件图表这两部分构成。

4.1.1 新建一个控件蓝图

单击鼠标右键，选择【User Interface】（用户界面）→【Widget Blueprint】（控件蓝图），打开新建蓝图的窗口（图 4-1），直接单击红框中的【User Widget】（用户控件）即可完成新建。我们将其命名为“UI_Score”。

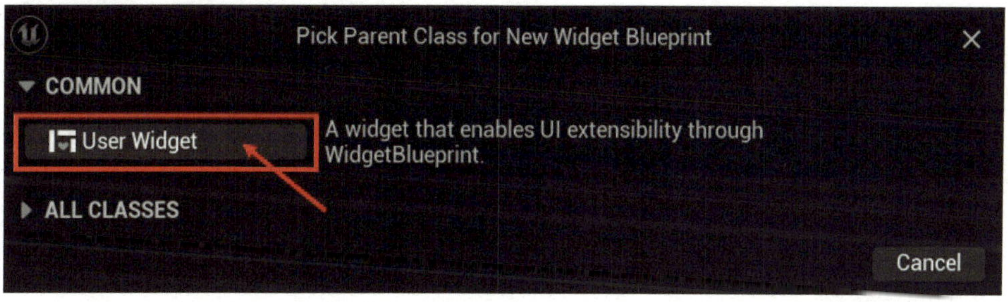

图 4-1

控件蓝图，顾名思义，就是可以用我们自己选择的控件来完成 UI 设计的工作台。图 4-2 简单展示了调用控件的流程：首先在【Palette】（控制板）或【Library】（库）中找到自己想要使用的控件（控制板和库是一回事，只是展示控件的方式不同）；再把控件拖到【Hierarchy】（层级）或主窗口中，按“排在层级最上方的控件位于主窗口底层”的顺序依次排列控件；最后在主窗口中依次单击控件，并在右侧细节面板中编辑相应的参数。

需要编写蓝图事件时，单击右上角的【Graph】（图表）切换到事件图表界面，单击【Designer】（设计器）可以切换回设计界面。

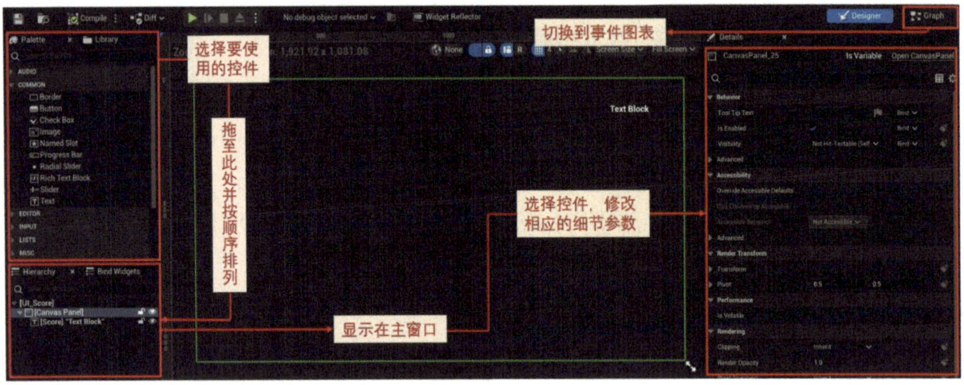

图 4-2

4.1.2　添加文本控件并调整其位置

回到本节标题，我们的目的是“显示当前得分”。得分是数字，需要用到【Text】（文本控件）。此外，为了确保文本控件在任何显示器分辨率下都能位于屏幕右上角，我们需要在底层添加一个铺满整个画面的【Canvas Panel】（画布面板）帮助控件定位（图 4-3）。具体实现控件定位的方法是在文本控件细节面板的【Anchors】（锚点）中选择文本控件相对于画布的位置锚点，之后在窗口中设置控件的位置，如图 4-3 所示。不仅是文本控件，绝大多数控件只要被设置成画布的子控件，就可以进行定位设置。

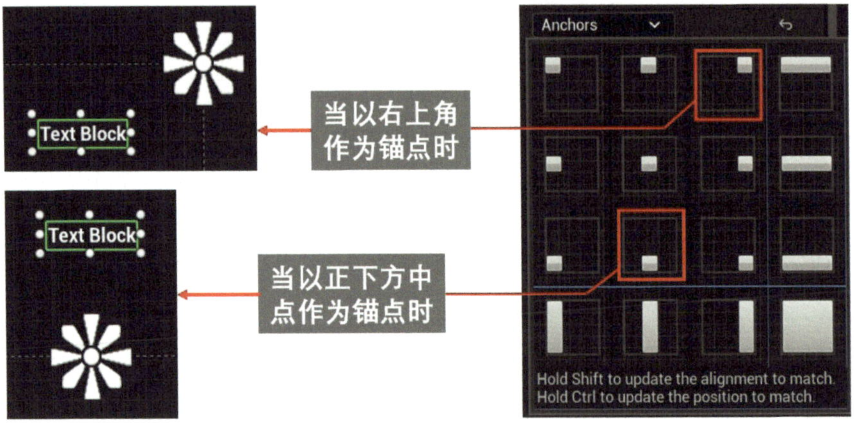

图 4-3

4.1.3 把半成品的 UI 显示在屏幕上

控件蓝图和所有 Actor 类蓝图一样，也要被“放置”到关卡中才能生效，否则它就只是仓库里的一个普通素材。金币蓝图可以被实际摆放到场景中，主角蓝图可以通过设置游戏模式自动加载，那 UI 这种控件蓝图该怎么办呢？如果我们尝试把控件蓝图拖曳到场景中，就会看到类似“禁止放置”的图标。看来只能在蓝图中通过设置让它自动加载了。

加载控件蓝图通常包括两步，第一步是用【Create Widget】（创建新控件）选出我们要加载的控件蓝图，第二步是用【Add to Viewport】（添加到游戏视口）让它显示在屏幕上，并将【Create Widget】的【Return Value】（返回值）与【Add to Viewport】的【Target】相连（图 4-4）。

图 4-4

剩下的问题是把这个事件放在哪张蓝图里呢？这里我们有很多选择，例如小球会在游戏开始后第一时间被加载到关卡中，因此这个事件当然也会被运行；或者专门新建一个蓝图放置在关卡中用来运行该事件；再或者像图 4-4 中这样，单击工具栏中的，在下拉菜单中选择【Open Level Blueprint】（打开关卡蓝图）这张绑定了每个关卡的、能随意引用关卡中所有放置的 Actor 的蓝图。

这样每次关卡被加载时，就可以看到屏幕右上角出现了刚才创建的文本控件。

4.1.4 修改文本控件的内容让其显示得分

接下来的工作就是让文本控件正常显示当前得分。这个需求大致可以分为两部分：一是显示初始得分 0，可以在文本控件的【Content】（内容）→【Text】（文本）中修改；二是每次得分后把【Game Instance】中记录的分数传递给控件蓝图中的文本控件。

我们还需要确定是在控件蓝图还是在金币蓝图中编写这个分数的传递过程。如果是前者，那就需要每帧都对场景中所有金币蓝图进行监测，一旦有“吃金币”事件发生就修改一次文本控件的内容。显然把珍贵的每帧运算用在这种事情上有些小题大做了。那么就考虑在原有的“吃金币”事件中加入“修改控件蓝图中某变量”这部分内容（图 4-5）。

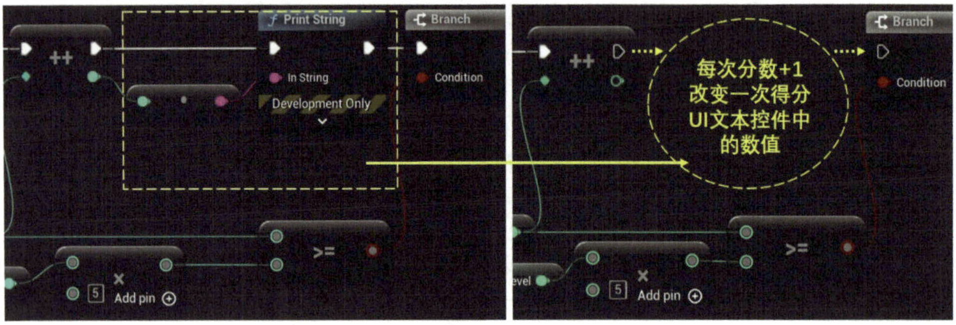

图 4-5

之前我们用【Print String】（输出字符串）把【Game Instance】中用于记录得分的“GI_Score”整数变量赋给了需要输出的字符串，把这部分去掉，调出控件变量，并把“GI_Score”传递给文本控件。首先为了能跨蓝图调用控件蓝图中的文本控件，我们要在文本控件的细节面板中选择【Is Variable】（是变量）将其变量化（图 4-6），然后再给它起一个变量名“ScoreText”，准备工作就完成了。

图 4-6

接下来又是熟悉的跨蓝图通信。此处并不适合使用【Cast To】(类型转换)，因为【Object】引脚很难获取，作为替代，我们可以考虑使用【Get All Widgets Of Class】（找到特定类的所有控件），在指定 Widget Class 为控件蓝图名后，即可获得这个控件蓝图中的所有控件（图 4-7）。

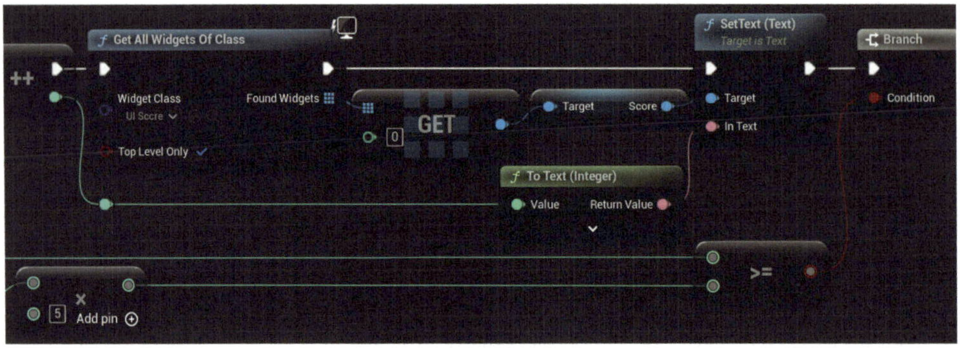

图 4-7

和【Get All Actors Of Class】一样，这里存在创建了多个控件的可能性，所以【Get All Widgets Of Class】的返回值也是一个数组。因此我们要使用【Get a Copy】（获取副本）把数组中编号为 0 的对象取出来，这个对象才是我们要找的控件蓝图。之后就可以引用该控件蓝图中刚刚通过【Is Variable】生成的变量，并用【SetText (Text)】（设置控件文本）直接修改对应的文本内容了。

4.1.5 美化文本控件的显示内容

作为“界面”，只考虑怎样实现它的功能显然是远远不够的，我们还应该美化显示效果。然而作为一款 3D 游戏引擎中并不常见的 2D 平面设计部分，控件蓝图的参数与 Unreal Engine 中其他功能板块的参数有较大差别。本小节我们尝试不借助外界素材，仅通过文本控件【Appearance】（外观）中的参数来美化它所显示的内容，常用的参数有以下几个。

1. 【Color and Opacity】（颜色和不透明度）：直观地改变字体的颜色，可以直接打开调色盘选取合适的颜色，也可以手动输入 RGBA 的值（A 表示透明通道 Alpha，取值为 0 到 1）。

2. 【Shadow Offset】（阴影偏移）：默认为 0 的时候是没有阴影的，可以通过调整两个参数的值来分别改变 x 和 y 轴方向上阴影的长度。

3. 【Shadow Color】（阴影颜色）：改变阴影的颜色，方法同【Color and Opacity】。

4. 【Font】（字体）：除了常见的设置粗体、改变字体大小、调整字间距等属性，还有一个不太常见的【Font Material】（字体材质）以及边框设置中的【Outline Material】（轮廓材质）。事实上，我们在制作游戏的过程中，经常会把材质编辑器当成图片编辑工具来使用，尤其是配合普通图片编辑工具所不具备的动态坐标节点，可以直接输出动态图片。

如图 4-8 所示，我们首先把主材质节点的【Material Domain】（材质域）设为【User Interface】（用户界面），告诉系统这是一个将要用在 UI 上的材质，和光照有关的节点，比如粗糙度、高光度这些我们都不要了，于是可以得到一个 UI 专供版主材质节点。

之后将【Panner】（平移）节点连至【Texture Sample】（纹理取样器）的【UVs】引脚，设置一个 y 轴上为 0.3 的速度让纹理图“动起来”。由于纹理图的四周是无缝衔接的，因此整张图看上去就像在向上方“滚动”一样（如果速度为负数则向下滚动）。最后把这个材质应用到文本控件的内容上，就可以得到一系列滚动着不同颜色的数字。

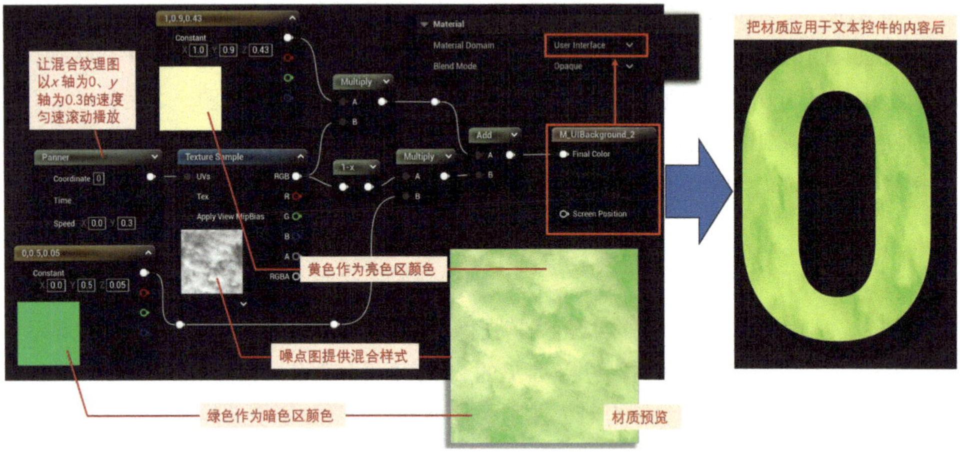

图 4-8

上述的参数设置逻辑在很多控件中都是通用的，区别只在于有的是设置图片颜色，有的是设置进度条的背景透明度等。

4.2 在 UI 中显示游戏进行时间

事实上，只让 UI 完成计时功能是很容易的：使用一个文本控件并在事件图表里为其设置一个计时循环即可。但这样实在太乏味了，因此我们试着组合使用文本控件、进度条控件和图片控件做一个复杂的 UI（图 4-9）。

图 4-9

示意图中的数字由【Text】（文本）控件来显示，左边的数字表示当前用时，右边的数字表示历史最短用时（假定为 10 秒）；随时间流逝而增长的绿色进度条由【Progress Bar】（进度条）控件来实现；试管风格的背景图片由【Image】（图像）控件加载。它们都可以在控制板的【COMMON】（常用）分类中找到。

4.2.1 把所有控件按一定的叠放顺序排列

当同一片区域中堆积了很多控件时，我们首先应该做的是安排好它们的叠放顺序。显然数字应位于顶层，代表进度条的液体需要有被“装进”试管的感觉，因此位于底层，图片在二者之间（图 4-10）。

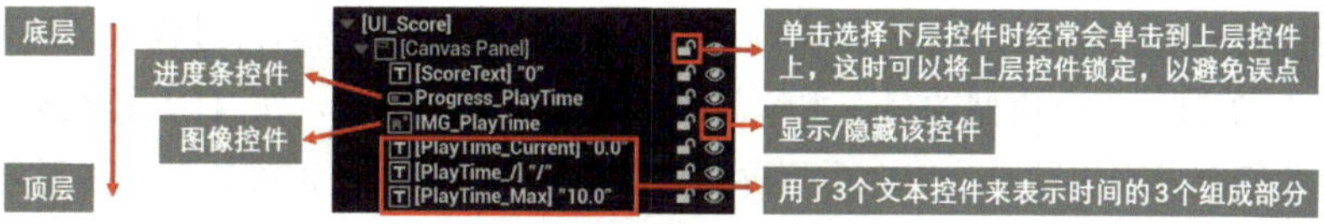

图 4-10

出于蓝图编写方便的考虑，图中把时间部分分成了 3 个文本控件，中间的反斜杠（或者用自己喜欢的其他符号，例如竖线）单纯是一个分隔符号，右侧的历史最短用时也单纯是一个数字，这两者都可以在各自的【Content】→【Text】中一次性设置。

4.2.2 编写一个计时器来显示当前用时

需要使用蓝图进行编写的只有“当前用时”这一个文本控件，那么首先还是像图 4-6 那样将它变量化，之后再切换到事件图表中。

考虑到计时器的表盘上时间每时每刻都在变化，因此使用可以不停修改文本内容的【Event Tick】无疑最简单。这样只需建立一个初始值为 0.0 的小数（Float）变量，让它按照当前游戏帧时间的频率增加帧时间的数值，其数值变动速率即等效于每秒增加 1 秒。帧时间频率可以直接从【Event Tick】节点上的【In Delta Time】取得，或者用节点【Get World Delta Seconds】（获取帧时间差量）来获取（图 4-11）。

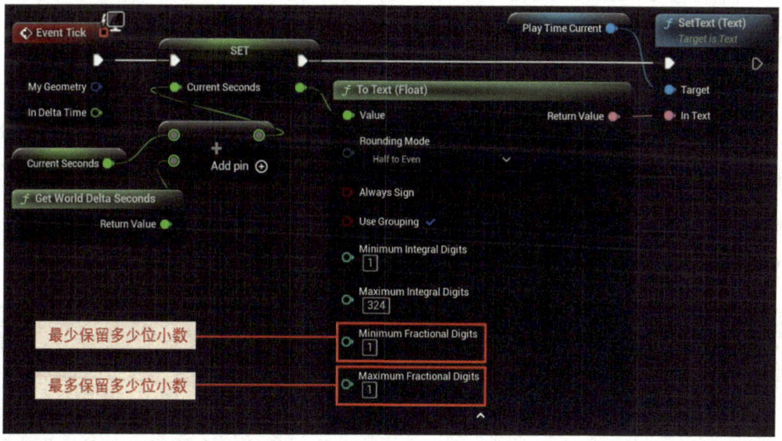

图 4-11

在用【To Text】把小数变量转化为文本变量时，可以设置最多、最少保留的小数位数这两个参数。前者不难理解，而后者其实是指如果小数位是 0，是否把这个 0 显示出来。

计时器的功能虽然完成了，但有趣的是，此时如果在游戏运行过程中“暂停”游戏（例如图 4-12 就是一个典型的写在主角蓝图中的暂停游戏事件，按【L】键会暂停 / 解除暂停），我们会发现纵使游戏中金币不再转动、声音不再播放，但唯独计时器不会停下来。

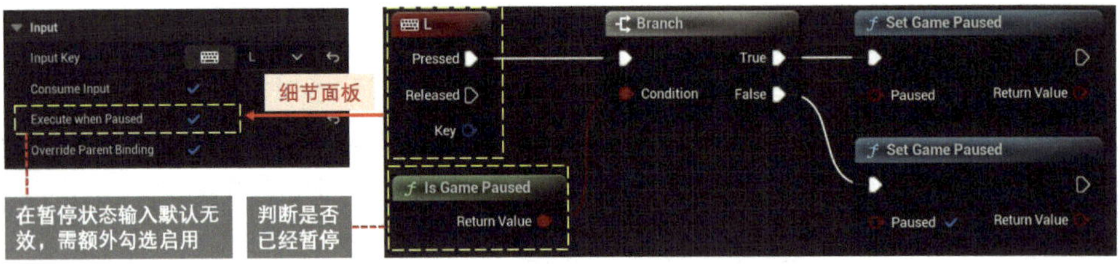

图 4-12

这是因为控件蓝图中的【Event Tick】是只运行在每个玩家对应的客户端中而非整个游戏的“non-gameplay action”（非游戏运行功能），与被放置在场景中的 Actor 蓝图不同，整个控件蓝图在严格意义上并不属于游戏运行的一部分，因此不受【Set Game Paused】（设置游戏暂停）影响。那如果我们就是想做一个可以被暂停的计时器又该怎么办呢？

这就要在一个属于游戏运行部分的蓝图里，使用其中的【Event Tick】来执行图 4-11 中的节点。

首选的蓝图是【Game Mode】（游戏模式）的 HUD（Headup Display，平视显示系统）蓝图。从名字上也能看出，它本来就是用来承载游戏“主界面”的蓝图，这正是我们想要的。

HUD 蓝图虽说是特殊蓝图，但创建方法和普通 Actor 蓝图一样，只是在新建窗口中没有现成的类别可供我们选择，需要在【ALL CLASSES】里手动搜索“HUD”（图 4-13）进行创建。完成后要在【World Settings】（世界场景设置）的【Game Mode】→【GameMode Override】中加载 HUD 蓝图使其发挥作用。

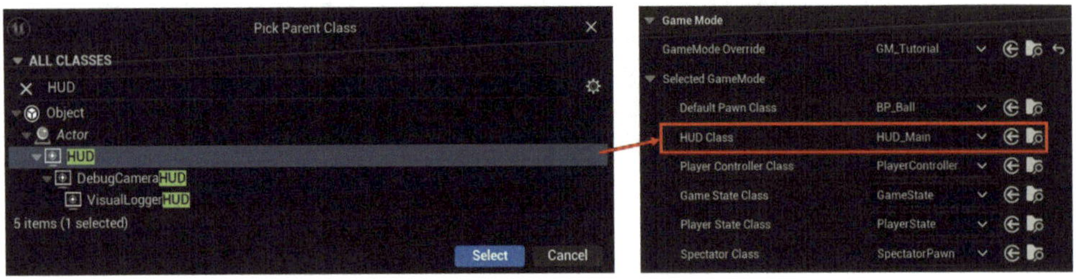

图 4-13

之后我们就可以把关卡蓝图中创建控件、添加控件到屏幕的操作转移到 HUD 蓝图中了。同时由于我们还要在 HUD 蓝图中引用控件蓝图里的文本变量，可以把创建好的控件用【Promote to variable】提升成变量。之后重复一遍图 4-11 的编写即可，区别只是这里要先调用一下刚提升出来的变量（图 4-14）。

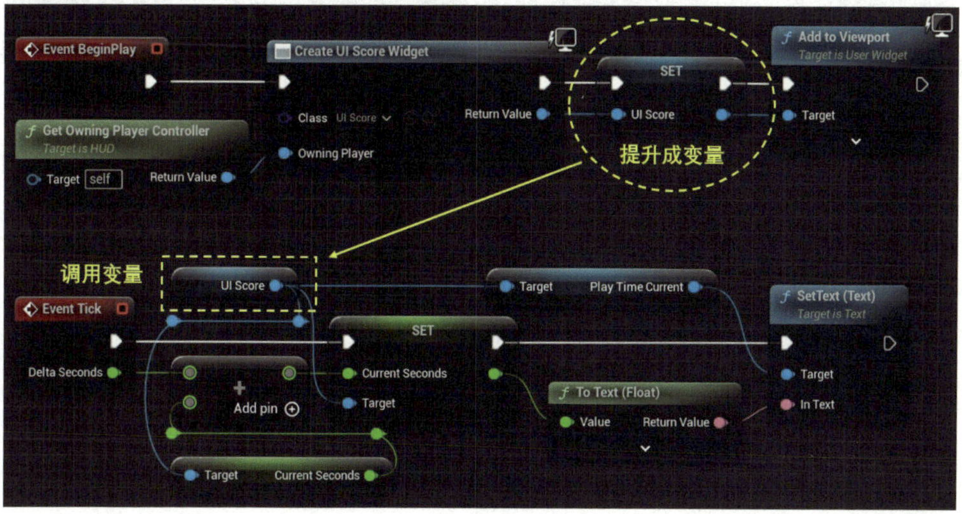

图 4-14

顺带提一下，当我们在其他蓝图中使用类型转换【Cast To】节点引用 HUD 蓝图时，它的【Object】引脚可以按图 4-15 所示设置，因此跨蓝图使用放置在 HUD 蓝图中的各种控件也很便利。

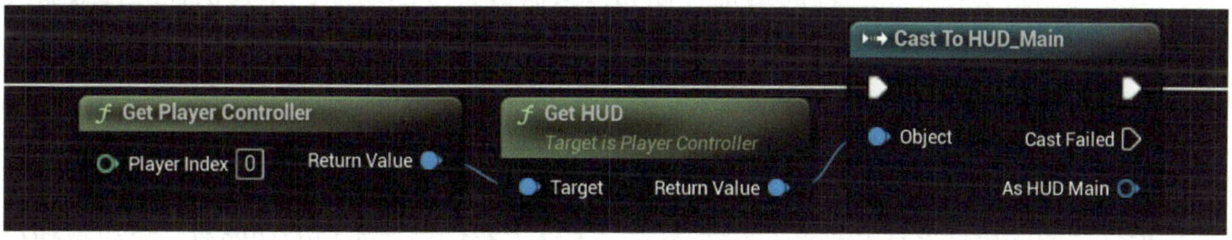

图 4-15

4.2.3 让进度条调用时间变量

最后，进度条和计时器一样也是时刻在变化的，因此从功能上看它也需要每帧触发。虽然也可以用【Event Tick】来编写，不过此处我们可以试试在进度条控件的【Progress】

（进度）→【Percent】（百分比）中单击【Bind】（绑定），并选择【Create Binding】（创建绑定）来创建一个和进度数值绑定的函数，单击【Create Binding】后窗口会自行转换到新建好的函数事件图表中（图 4-16）。

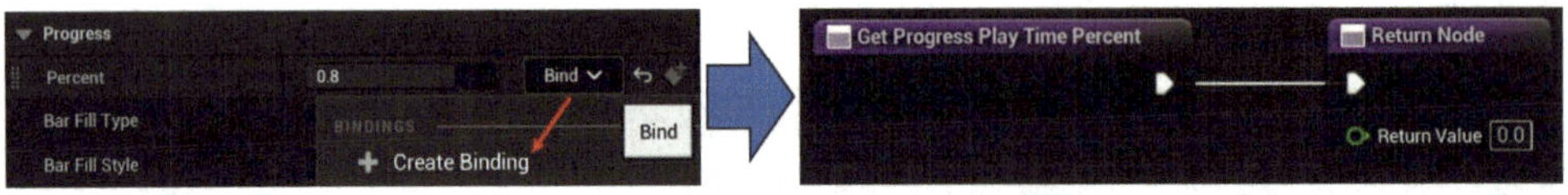

图 4-16

进度数值绑定的函数与普通 Actor 蓝图中自己创建的函数不同，它们和【Event Tick】一样每帧运行，也就是说进度百分比的返回值（Return Value）每一帧都会更新。因此我们只需将之前创建的那个初始值为 0.0 且不停增加的小数变量赋给此处的返回值即可。要注意，进度条的百分比函数所返回的数值会自动调整为百分数，比如 1.1 会显示为 110%，因此可以根据游戏需要进行适当调整（图 4-17）。

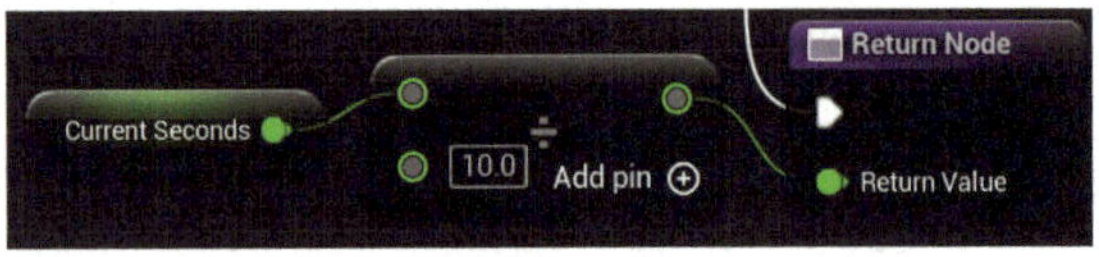

图 4-17

4.3 制作保存和读取游戏进度的界面

本节我们将会在游戏暂停时增加存储和读取游戏进度的功能，用来保存和读取游戏得分。

4.3.1 做一个保存和读取的 UI

控件蓝图的设计方法和前两节相差不大。大体上我们想要实现的功能有：可以选择存档槽、单击“Save”后把当前游戏得分保存到硬盘上、下次打开游戏在单击“Load”后用之前保存的游戏得分覆盖当前游戏得分。UI 的外形套用比较经典的界面样式（图 4-18）。

和前两节的控件有所不同，这次除了展示功能，更重要的是我们还希望 UI 能通过单击按钮与玩家进行交互。因此自带【On Clicked】（单击时）事件的【Button】（按钮）成为我们的首选。图 4-18 中包括存档槽在内的所有按钮都是先用【Overlay】（覆层）圈定一个范围，再铺一层【Text】（文本）打底，最后在上面贴上【Button】。

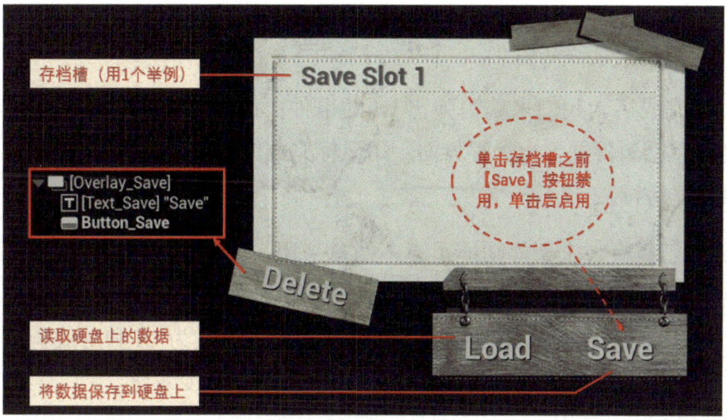

图 4-18

圈定范围还可以使用【Panel】（面板）分类下的其他控件，例如我们之前用过的【Canvas Panel】（画布面板），虽然不同面板的美术效果有所不同，参数也不一样，但仅从功能上来看它们都是可用的。

关于【Button】，它拥有也许是所有控件中最复杂的外观参数。这里我们通过设置【Appearance】（外观）→【Style】（样式）下【Normal】（普通）、【Hovered】（已悬停）、【Pressed】（已按压）的【Tint】（着色）和【Draw As】（绘制为）来分别改变按钮平时的外观、当鼠标指针悬停在上方时的外观、当单击按钮时的外观这 3 种形态（图 4-19）。

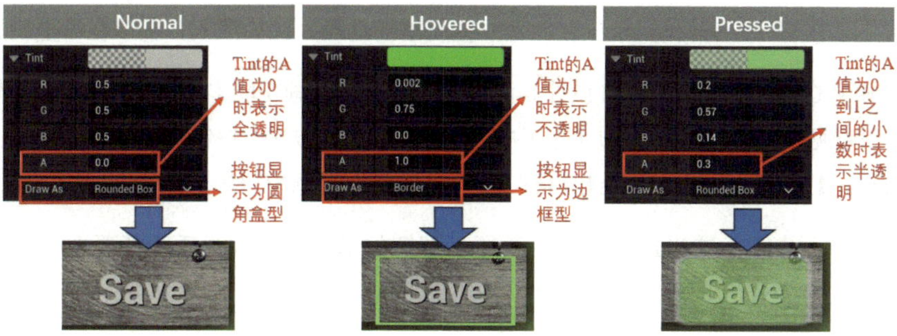

图 4-19

除此之外，【Disabled】（已禁用）是按钮被禁用时的外观，如有需要也可以进行设置。

当然，我们也可以用【Image】（图片）设置刚才描述的 3 种形态下的外观，这里就请读者朋友们充分发挥自己的美术想象力去尝试吧！

4.3.2　在 UI 弹出时添加一个淡入动画

外观设计完成后，我们来编写弹出 UI 的事件。按照一般游戏习惯：游戏进行时按【L】键，游戏就会暂停并弹出保存界面；用鼠标完成保存后，再次按【L】键，保存界面消失，游戏恢复运行。

图 4-12 中已经有一个暂停功能了，不妨拿来用。如图 4-20 所示，“暂停”后依次把 UI 添加到视口，同时设置输入模式为 UI 和游戏响应、显示鼠标指针；“取消暂停”后则与之相反，依次把 UI 从父控件中移除，同时设置输入模式为 UI 和游戏响应、取消显示鼠标指针。别忘了这里要预先完成 HUD 蓝图的类型转换和变量化。

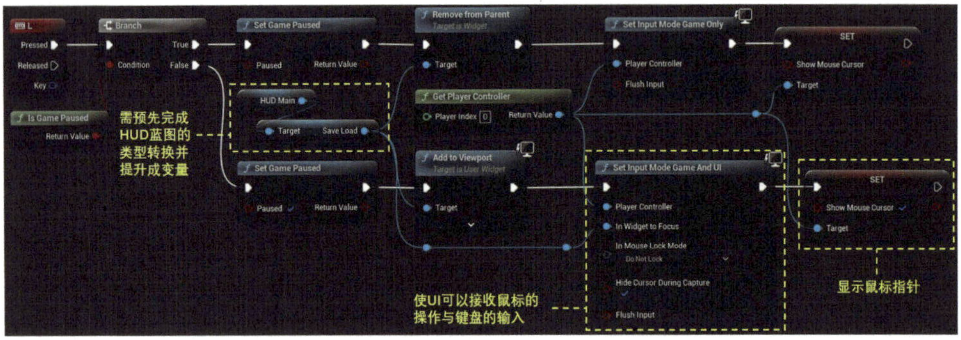

图 4-20

接下来在 UI 弹出时我们希望它能有一些简单的动画，比如淡入，应该在哪里设置呢？

实际上 Unreal Engine 5 在 UI 设计界面中已经整合了动画功能（有些版本甚至在新建蓝图时就可以看见）。单击界面底部工具栏中的【Animations】（动画）按钮，或选择【Window】→【Animations】都可以调出动画窗口（图 4-21），之后在动画窗口中依次进行以下操作。

1. 添加动画变量：这里最好设置一个便于理解的动画名，因为后续还要在事件蓝图中使用这个变量。
2. 选择动画对象是哪个控件：我们希望整个 UI 都受动画影响，而子控件会自动继承父控件的动画，因此只需选中最开始添加的那张大画布即可。
3. 选择需要设置哪个参数：淡入的本质是【Opacity】（不透明度）随时间变化从 0 逐渐变成 1，显然应该选择【Render Opacity】。

4. 选定当前动画的时间：也就是选择关键帧，首先当然是“0”秒，执行步骤 5，设置好参数后再根据动画持续时间选择第二个时间，这里选中“1”秒，再执行步骤 5，设置此时的参数。

5. 设置不同时间点（关键帧）的参数值：从步骤 4 中我们得知这个动画有两个关键帧，0 秒时透明，因此参数值为 0；1 秒时不透明，因此参数值为 1。

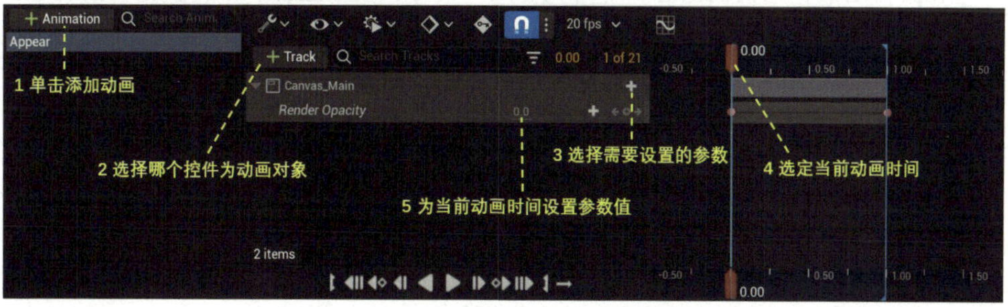

图 4-21

设置完成后就可以用鼠标拨动时间轴上的拨片，预览整个动画了。

当然，目前为止我们相当于只完成了对这一动画“变量”的赋值，想要它在 UI 被调出的时候自动生效，我们还需要在事件图表中完成剩余的事件编写工作（图 4-22）。使用的核心节点是【Play Animation】（播放动画），这个节点具备强大的播放动画功能，通过对其参数进行设置，我们可以很简单地实现动画的部分播放、按次数循环播放、反向播放、变速播放等功能。不妨思考一下，如果需要在 UI 消失前添加一段“淡出”动画，可以怎样设置呢？

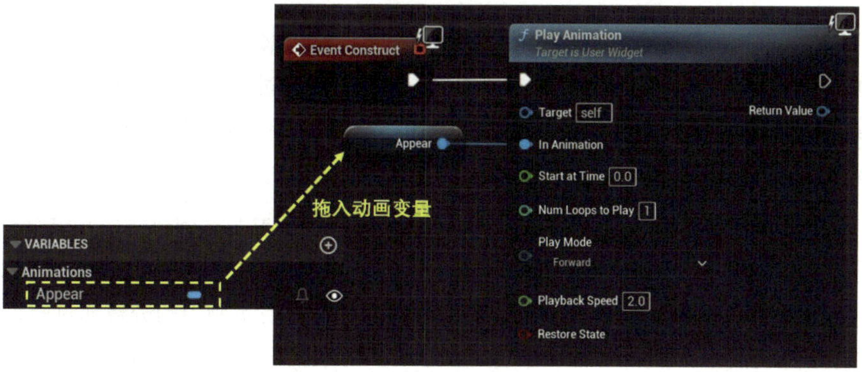

图 4-22

4.3.3　完善 UI 的鼠标单击交互功能

前面说过，【Button】自带包括【On Clicked】（单击时）在内的很多事件——它们都可以在【Button】细节面板的最下方找到。单击事件旁的 + ，事件便会自动创建并添加到事件图表中。

在编写之前，让我们回想一下游戏中是如何存档的：选择一个存档槽，然后单击【Save】。也就是说在选定存档槽之前，【Save】按钮应处于“不可用”状态。因此需要取消勾选细节面板中的【Behavior】（行为）→【Is Enable】（已启用），这样【Save】按钮在 UI 刚被加载时就无法通过鼠标交互了。

之后再创建存档槽按钮的【On Clicked】事件，单击存档槽按钮后修改【Save】按钮为“已启用”（图 4-23）。此外，游戏中不会只有一个存档槽，因此有必要把存档槽的名字保存为一个字符串变量（或者给每个槽设置一个对应的字符串）以区分不同的存档槽，这无论是在保存游戏还是读取游戏时都是通用的。

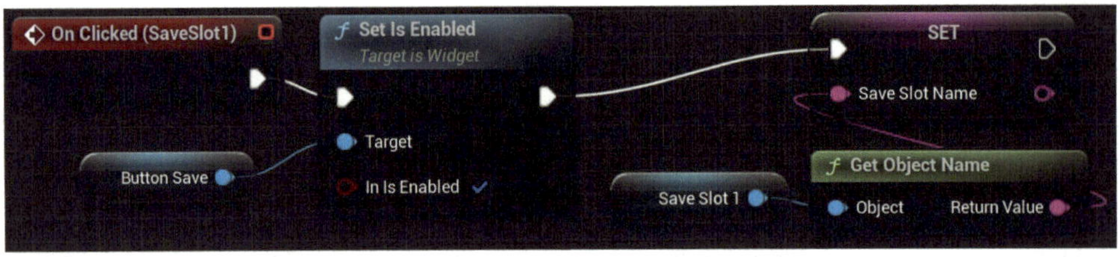

图 4-23

4.3.4　保存和读取分数

在 Unreal Engine 5 中，有一类专门的蓝图用来保存数据到硬盘，它就是【Save Game to Slot】（保存游戏）。和创建 HUD 蓝图一样，它也需要通过搜索才能找到。它和【Game Instance】（游戏实例）蓝图无论在外观还是用法上都基本一致，唯一的区别就是【Save Game to Slot】可以通过节点将数据写到硬盘上。

对于这种“数据中转站”的用法我们已基本熟悉了，无非是创建变量并用它们来传递数据。例如保存游戏时，我们先通过【Create Save Game Object】（创建保存游戏对象）把刚刚新建的保存游戏蓝图“放置”到游戏中，并将游戏实例中的分数通过赋值转移到保存游戏蓝图中，最后用【Save Game to Slot】（保存到存档槽）指定保存的文件名（图 4-24）。

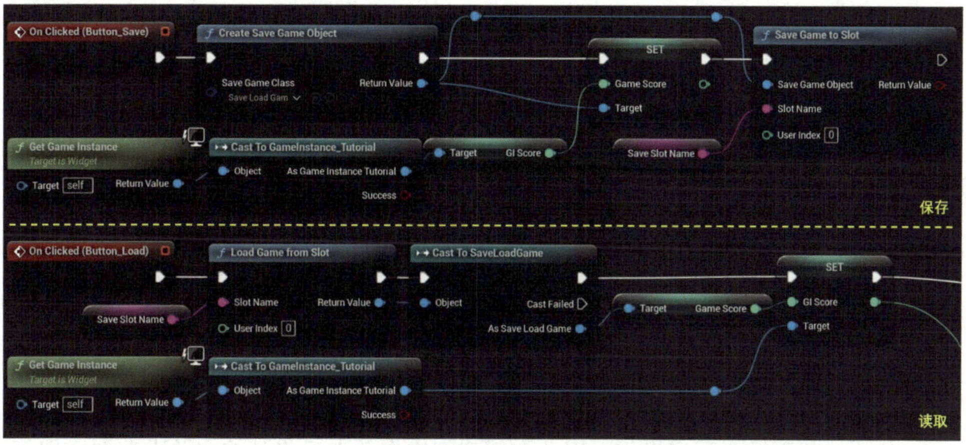

图 4-24

读取硬盘数据的流程与保存类似，只是在我们的例子中，读取完成后还有必要立刻更新一次 UI 中所显示的当前分数（最右侧节点的后续内容），有兴趣的读者朋友可以尝试一下。

4.4 制作游戏开始界面

无论什么游戏，开始界面的 UI 都是必不可少的。它既是游戏的门面、是玩家第一时间感受游戏美术音乐风格和整体氛围的窗口，也是选择开始新游戏、读取曾经进度或者调整游戏设置的中控台。我们将尝试使用两种不同的方法做一个具备开始新游戏和读取进度功能的开始界面。

4.4.1 把空白关卡当作开始界面的“载体”

第一种方法是在运行游戏后首先加载一个全新的空白关卡，整个关卡除了简单的背景外只有 UI，玩家选择进入新游戏或读取游戏进度后再加载正式的游戏关卡。这种方法适合开放世界类的地图体量庞大的游戏，毕竟玩家在单击 Windows 操作系统运行文件后的黑屏里等两分钟，和进入游戏开始界面后听着音乐等两分钟，体验完全不同。

UI 的基本设计思路和上一节相同，仍然是背景 + 按钮的形式（图 4-25）。

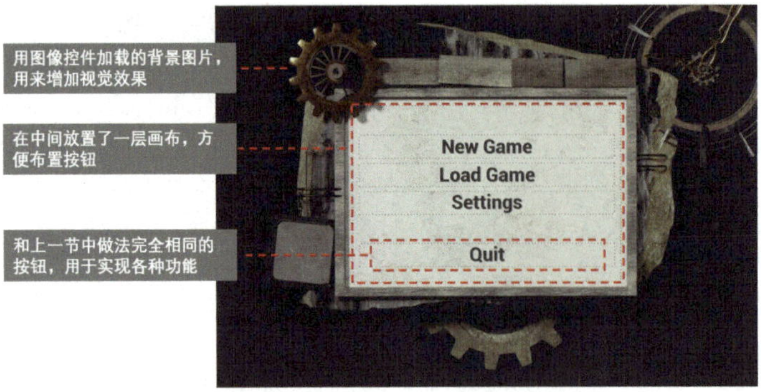

图 4-25

UI 的加载不需要玩家操作，因此在新建好空白关卡后将其放在关卡蓝图中即可。【Load Game】按钮可以和上一节做好的 UI 元素相关联，只需禁用存档功能同时保留读取功能；【New Game】按钮直接设置为打开新关卡；【Quit】按钮设置为关闭程序（图 4-26）。这些都只需最简单的蓝图编写即可实现。

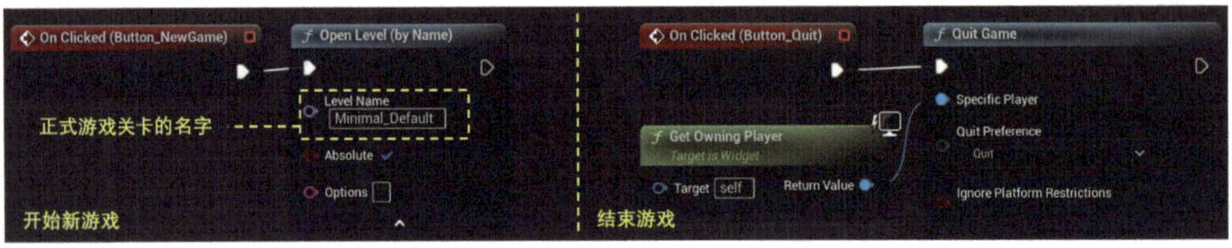

图 4-26

之后需要将这个新建关卡设置为游戏开始时加载的第一个关卡。我们依次打开【Project Settings】（项目设置）→【Project】（项目）→【Maps & Modes】（地图和模型）→【Default Maps】（默认地图），在这里可以设置【Editor Startup Map】（编辑器开始地图）和【Game Default Map】（游戏默认地图）两张关卡地图（图 4-27）。前者是 Unreal Engine 5 软件启动后默认加载的关卡地图；后者是在完成游戏制作并将项目打包生成正式游戏文件后，运行游戏默认加载的关卡地图——这正是我们需要的。

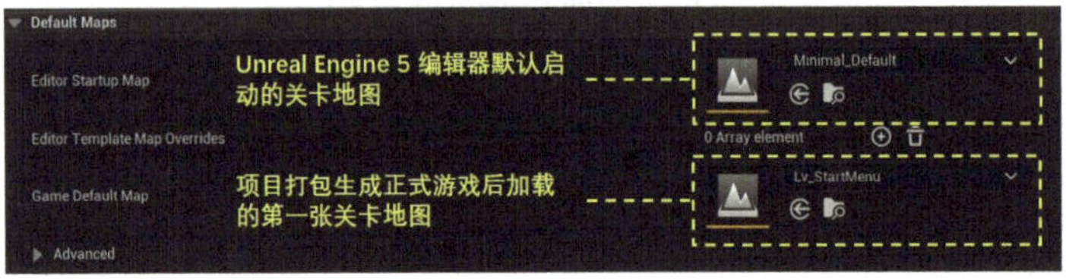

图 4-27

此外，当完成游戏默认地图设置后，是无法在编辑器中测试设置效果的，因为在打包之前我们所有的运行都只能针对“当前”正在编辑的关卡。

4.4.2 在正式关卡用镜头切换插入开始界面

大体量游戏有加载时长的顾虑，而小体量游戏则没有，因此直接加载正式游戏关卡也不失为一种选择。一些游戏为了规避直接加载正式游戏关卡太生硬的问题，会把初始镜头朝向别处（例如天空），在单击 UI 的【New Game】按钮后，镜头再平滑过渡到主角的跟随摄像机上，营造出一种“无缝进入游戏”的感觉。本小节我们就来模仿一下这种手法。

首先我们需要两个摄像机位置，一个正常游戏时使用，一个初始朝向天空。我们可以添加两个【Arrow】（箭头）组件，并把摄像机的位置和旋转设成朝向天空的箭头的位置和旋转（图 4-28）。

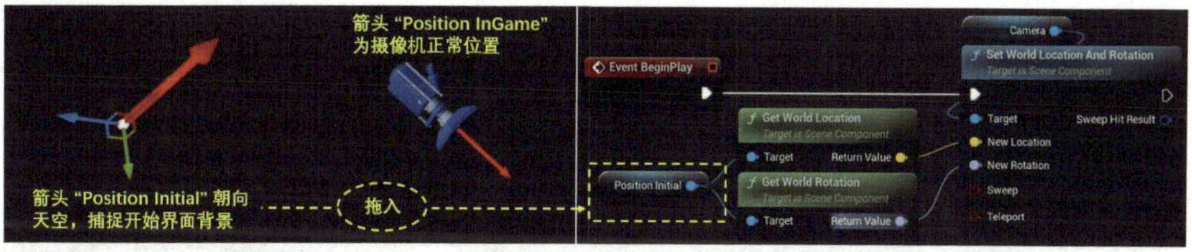

图 4-28

接下来添加一个【Custom Event】（自定义事件）来实现镜头的平滑过渡。这里我们使用【Lerp】节点将两个位置和旋转混合，并逐渐增大正常位置的权重，即在 n 秒内逐渐把参数【Alpha】从 0 增加到 1，每次参数改变都重新设置一次摄像机的位置和旋转（图 4-29）。

图 4-29

为了实现参数【Alpha】的逐渐增加，我们又将用到时间轴。这次我们希望它能在 1 秒内不断输出一个从 0 到 1 变化的小数作为【Alpha】（图 4-30）。

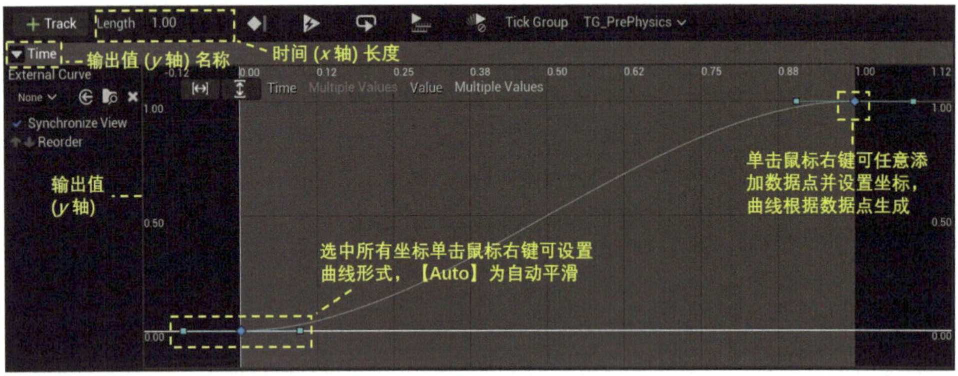

图 4-30

最后就只剩下在开始 UI 中为【New Game】按钮设置单击事件了。需要实现的功能主要有两个：一是调用主角蓝图中的摄像机转换事件（刚刚编写的那个）；二是用【Set Input Mode Game Only】（设置输入模式，仅游戏）把接收输入的对象从 UI 转移回游戏本身，最后移除不需要的 UI 控件（图 4-31）。

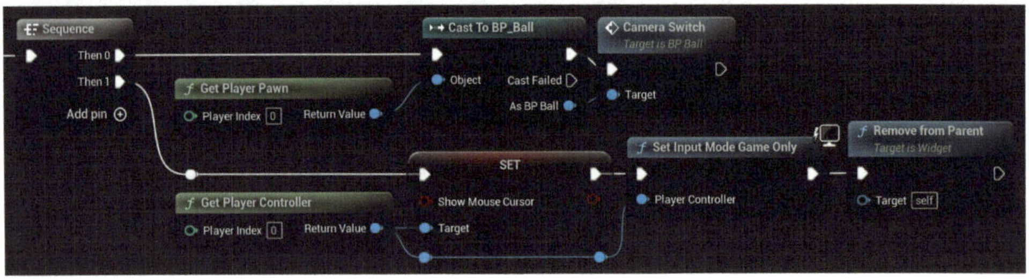

图 4-31

为了便于区分和管理，像这样并列的两个功能可以用【Sequence】（序列）分别连接，顺序执行。

第5章

对人形主角使用骨骼动画

“

当前的游戏大多设定人形主角，毕竟他们确实比一个滚来滚去的小球让玩家更有代入感。但当我们把主角从一个简单的刚性物体“升级”成一个身体各处都能动，并且会将运动传导至全身的物体时，它复杂到几乎无法用纯物理方式来模拟。因此我们需要更切实有效的工具——Skeleton（骨骼），以及基于此衍生出的一系列工具，例如 Skeletal Mesh（骨骼网格体）、Animation（动画）等。

”

5.1 为普通网格体添加骨骼

骨骼这一称谓是相当巧妙的。就像人体的肌肉和皮肤依附于骨骼，当某根骨头做出位移或旋转运动时，依附于其上的肌肉和皮肤也会跟着动起来一样，骨骼网格体也让各个骨头不同程度地控制各个顶点运动，当骨头动起来时，网格体各部位也会跟着“动起来”。

5.1.1 将静态网格体转化为骨骼网格体

首先在【Edit】（编辑）→【Plugins】（插件）中搜索 Skeletal Mesh Editing Tools（骨骼网格体编辑工具）官方插件并选中启用，以 SM_Body01 为例，选中文件后单击鼠标右键，选择【Convert to Skeletal Mesh】（转换为骨骼网格体），便可得到新生成的骨骼网格体以及对应的骨骼（图 5-1）。

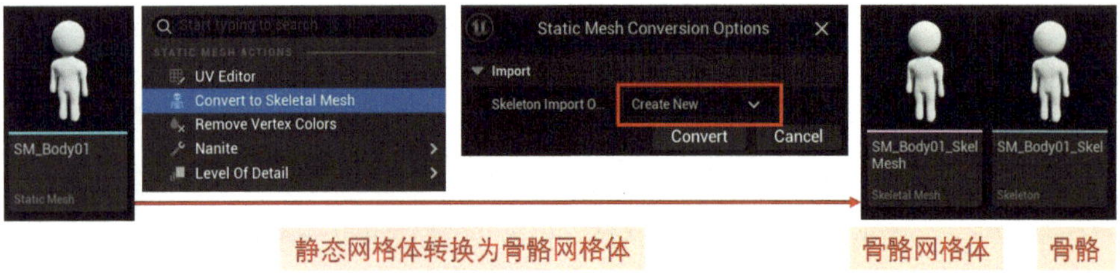

图 5-1

5.1.2 为骨骼网格体添加骨骼

双击骨骼网格体进入编辑界面（图 5-2）。在【Skeleton Tree】（骨骼树）里可以看到网格体已经有了一个根骨骼【Root】，根骨骼是 Unreal Engine 为每个骨骼网格体规定的一个基础骨骼，它并不与具体的顶点绑定，通常用来表达整体的运动。随着后续在【Editing Tools】（编辑工具）→【Skeleton】（骨骼）→【Edit Skeleton】（编辑骨骼）面板中添加更多的骨骼，结构树也会变得更复杂。

【Edit Skeleton】的主要功能分为【Add】（添加）和【Edit】（编辑）两种，前者是为网格体添加新的骨骼，后者是调整已有骨骼的位置或改变其层级结构，同时后者也是每次激活【Edit Skeleton】面板时的默认功能。当添加骨骼时，只需在【Skeleton Tree】中选中任一骨骼作为父骨骼，例如“Root”，之后在预览图中任意位置单击鼠标左键即可完成添加（图 5-3），新建的骨骼会被自动选中。

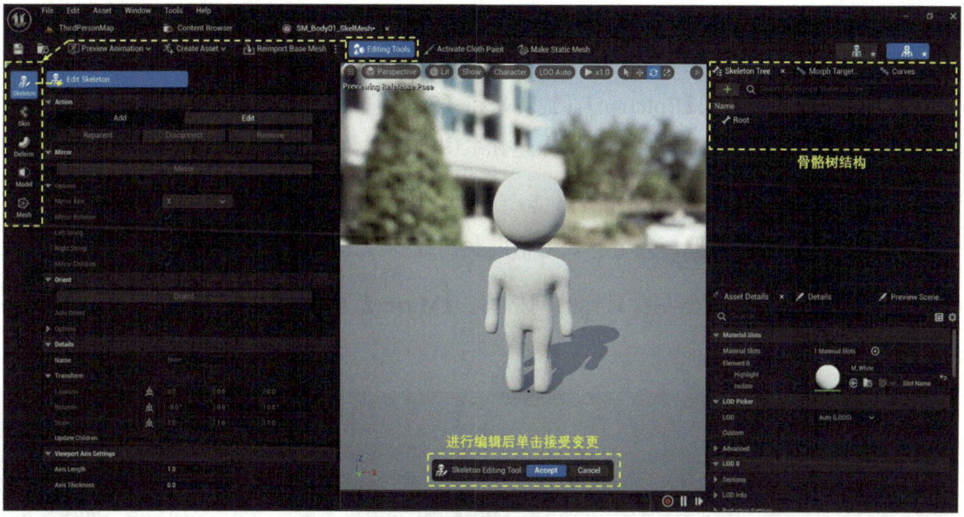

图 5-2

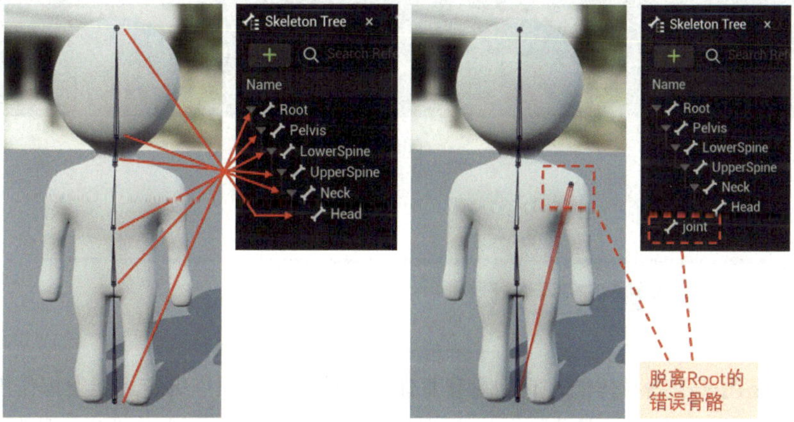

图 5-3

需要注意的是，当没有选中任何一个骨骼作为父骨骼但仍然单击添加了新骨骼时，该骨骼会成为一个脱离 Root 的游离骨骼，这会导致结构错误，因为所有骨骼都必须是 Root 的子骨骼才行。

当然，由于添加骨骼时只是随手点了一下，骨骼的位置显然不可能在一个相对精准的点位——例如中线上。这时就需要从【Add】切换至【Edit】功能，逐根调整骨骼的坐标数值。为了准确地将骨骼调整至我们期望的位置，可以有效利用以下两种方法。

1. 在【Transform】中输入：直接有效。只是有一点需要注意，Unreal Engine 中的骨骼坐标是锥形体尖端的位置，锥形体本身表示从该骨骼到其下一级骨骼的指向。此外【Location】（位置）、【Rotation】（旋转）和【Scale】（尺度）栏都能看到或者图标，前者表示相对数值，后者表示世界坐标系中的绝对数值，单击可以在二者间切换。
2. 在预览界面切换至【Perspective】后手动调整：使用【Left】或者【Front】将坐标限定在某一二维平面上，会更有效地帮助我们找到合适的位置。

此外，对于人体这类左右对称的网格体，【Mirror】功能可以将一侧骨骼镜像至另一侧（图 5-4）。

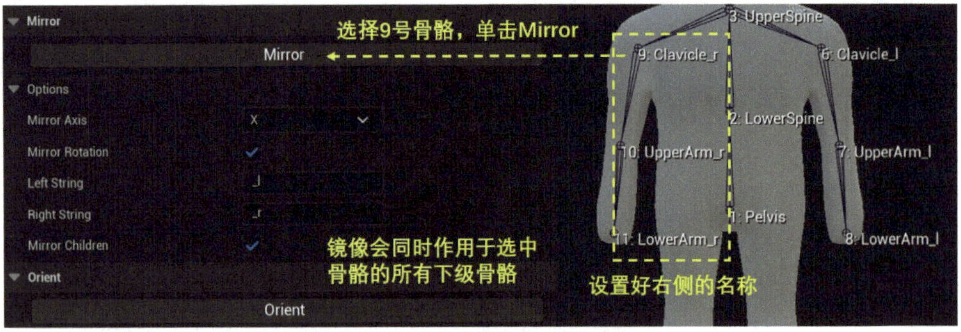

图 5-4

5.2 将骨骼绑定至身体

骨骼是用来控制身体的，它们要和身体网格体的不同顶点绑定才能发挥作用，具体方法是为每个骨骼设置一部分可供其控制的网格体顶点——动画制作业界俗称“刷权重”。权重为 1 时表示完全控制，即骨骼移动 1 米，这部分网格体顶点也移动 1 米；当权重为 0.5 或 0 时，则骨骼移动 1 米，网格体顶点移动 0.5 米或不移动（不受该骨骼控制）。

5.2.1 自动生成绑定权重

如果所有权重都由我们手动设定，那工作量太大了，因此根据刚才所添加的各骨骼与网格体各顶点之间距离的差别，可以先在【Editing Tools】（编辑工具）→【Skin】（皮肤）→【Bind Skin】（绑定皮肤）中自动设置一遍权重（图 5-5）。调整【Binding】栏中各参数的值可以对绑定细节进行微调。

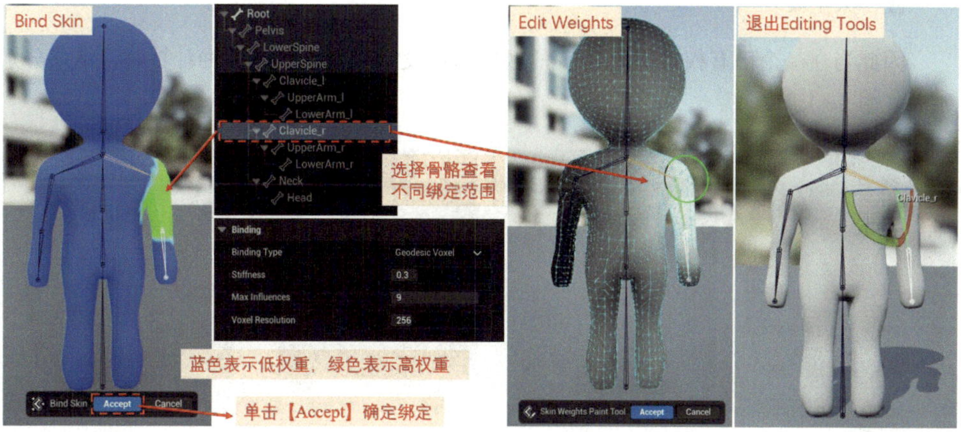

图 5-5

当接受绑定并切换至【Edit Weights】功能后，我们可以看到每个顶点的权重值（黑色为 0，白色为 1，灰色表示中间值）。而最后这些数值究竟会带来怎样的绑定效果，需要退出【Editing Tools】后，在预览界面进行测试（例如手臂的转动）。

如果绑定效果不尽如人意，那就有必要回到【Editing Tools】中手动修改权重值。

5.2.2 手动修改权重

值得一提的是，由于自动计算权重时系统会将所有网格体和所有骨骼纳入计算，因此应该在所有骨骼均添加完成后再进行计算。自动计算已完成但结果仍不理想时，可使用【Edit Weights】中的【Brush】（笔刷）和【Vertices】（顶点）来手动调整。前者在设置完圆形笔刷的大小、力度和衰减后可以“刷权重”；后者通过拖动鼠标框选部分顶点来“设定权重”。二者的核心计算方法大致相同，有以下几种。

1. 【Add】（加法）：将已有权重值加上所设置的数值。
2. 【Replace】（替换）：用所设置的数值替换已有权重值，当需要清除某些顶点的权重时，可以将数值设置为 0 并执行此计算。
3. 【Multiply】（乘法）：将已有权重值乘以所设置的数值，如果设置一个 0 和 1 之间的小数并对已有权重值执行此计算，则会减小权重值，类似减淡的效果。

4. 【Relax】（把已有顶点和相邻顶点平均化）：类似模糊的效果。可用于避免骨骼间过渡得太生硬。

因此当在一个已有权重值为 0.15 的区域执行设定值为 0.15 的 4 种计算时，结果分别如下（图 5-6）。

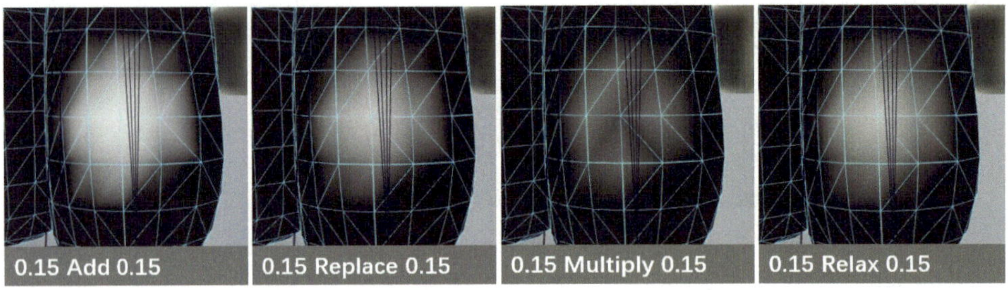

图 5-6

5.2.3　加载引擎内置人物作为参考

想要精进“刷权重”的技巧需要长期积累经验，新手无须过于追求完美，刚开始练习时注意不要出现“左腿的骨骼可以控制右腿”这类太过明显的错误就可以了，之后可以参考 Unreal Engine 5 自带的人物 Mannequin 的骨骼权重。在新建项目时如果选择了第三人称视角游戏，则该项目会自带 Mannequin 人物的骨骼网格体；如果是空白项目则需要额外手动加载该人物的骨骼网格体。

在单击鼠标右键弹出的新建文件菜单的【GET CONTENT】（获取内容）栏中选择【Add Feature or Content Pack】（添加功能或内容包），之后选择【Third Person】即可（图 5-7）。

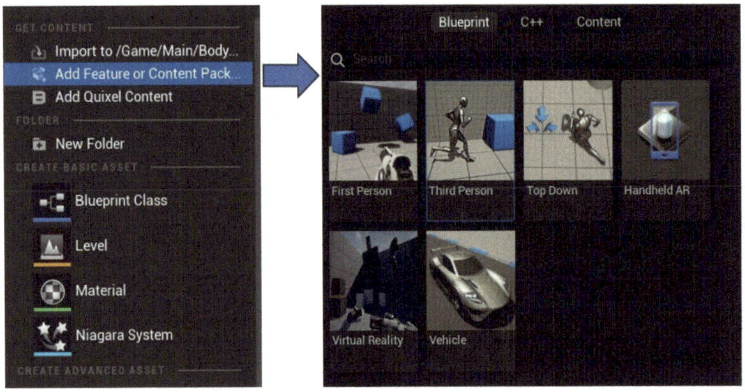

图 5-7

5.3 让小白人取代小球在游戏中动起来

完成权重绑定后，我们就得到了一个功能完备的骨骼网格体，可以用它来做动画了。不过在做这些工作之前，我们先来试着用这个小白人替代小球成为游戏主角吧。

5.3.1 用 Character 类型蓝图加载骨骼网格体

我们在使用小球作为游戏主角时，需要用一个能够接收玩家控制指令的 Pawn 类型蓝图加载静态网格体。同理，为了方便操作人物骨骼网格体，我们需要用一个 Character 类型蓝图来加载它。如图 5-8 所示，后者相比前者内置了更复杂的运动控制系统，包含速度、加速度、下蹲、跳跃等参数。

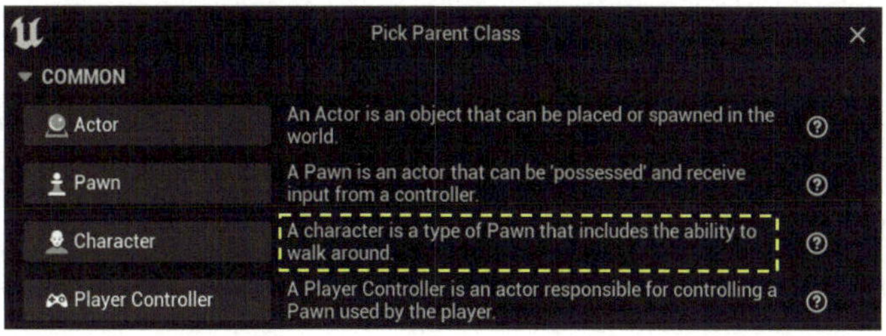

图 5-8

打开新建好的 Character 类型蓝图，在组件中选择【Mesh】，并在其对应的细节面板中添加我们的小白人，可以在视口中看到它出现在默认的胶囊体碰撞组件中（图 5-9）。此时无论是位置还是旋转方向都有待调整，我们需要将人物网格体下拉到其脚底基本和胶囊体底端齐平，同时正面朝向蓝色箭头（默认为人物前方朝向）指向的方向。

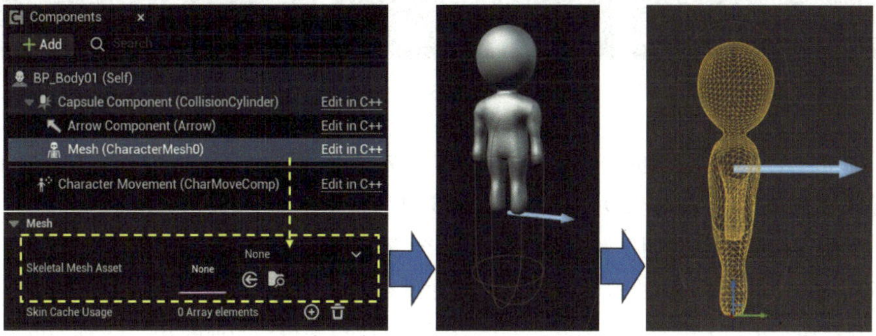

图 5-9

胶囊体碰撞组件用来计算人物物理碰撞反应的简单碰撞体体积，最好能和人体外形基本一致。当需要调整胶囊体时，可以在其细节面板中通过【Shape】（形状）中的【Capsule Half Height】（胶囊体半高）和【Capsule Radius】（胶囊体半径）进行调整。

5.3.2　用增强输入系统接收玩家的行走指令

当主角是小球时，我们用给小球施加瞬间冲量的物理模拟方法实现了小球向前滚动的功能。而当主角是小白人时，由于人的行走远比小球的滚动复杂，因此显然是没法通过施加冲量来实现的。为此我们采用一套增强输入系统（Enhanced Input System）来接收玩家的指令，再通过将这些指令编写成事件蓝图来模拟普通人物的运动。一套完整的增强输入系统由 3 部分组成（图 5-10）。

1. 输入操作：输入系统的基本操作单元，用来定义输入类型是布尔、一维浮点还是二维向量，以及设置游戏暂停时是否也有效等基础值。
2. 输入映射情境：一组输入操作单元的集合。例如“行走”涉及前后左右 4 个方向，那这 4 个方向分别对应哪几个按键，以及是否有必要增加触发器（Trigger）和修改器（Modifier）这些额外的设置都需要在这里完成。1 和 2 都以文件的形式存储，都可以在单击鼠标右键弹出的新建文件菜单的【Input】（输入）一栏中找到。
3. 在角色蓝图中调用不同的输入映射情境：最后需要确定输入映射情境是用在哪个角色蓝图中的，因此还需编写一段对输入映射情境的调用事件。

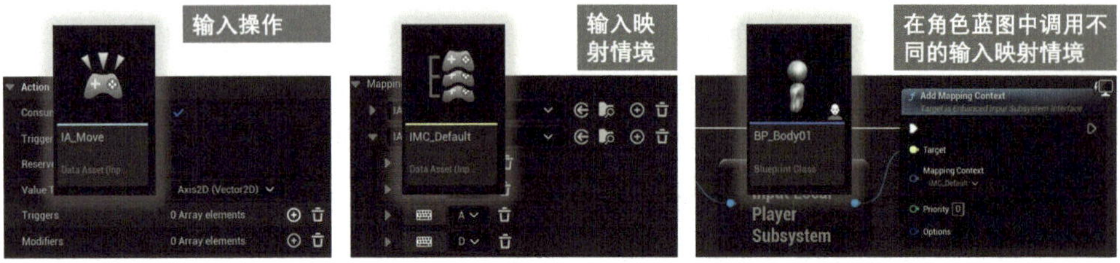

图 5-10

以“行走”为例，它是一个二维动作，因此需要在【Input Action】中将【Value Type】设置成【Axis 2D（Vector 2D)】。之后如图 5-11 所示，在【Input Mapping Context】中添加 4 个触发按键，分别用于触发前后左右 4 个方向的前进事件。对于二维向量，在不添加任何【Modifiers】（修改器）时我们所接收的数值是 (1, 0)，观察小白人的朝向可以发现这只适用于小白人朝右走。因此我们还需要一些手段来得到向前的 (0, 1)、向左的 (−1, 0)

以及向后的 (0, –1)。【Modifiers】中的【Negate】（否定）可以实现数值负数化，可以用在向左和向后按键上；【Swizzle Input Axis Value】（拌合输入轴值）可以实现数值从 x 轴向 y 轴转移，可以用在向前和向后按键上；向右保持默认即可。

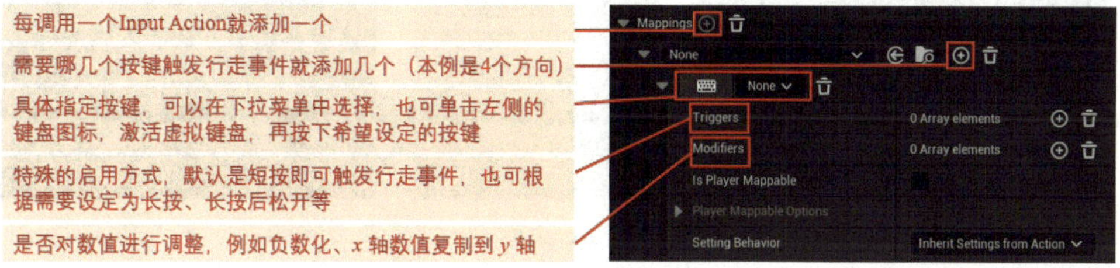

图 5-11

最后来到小白人的角色蓝图中，编写一段对【Input Mapping Context】的调用事件（图 5-12）。首先需要在玩家控制器中获取增强输入系统的本地子系统，用【Is Valid】节点确定其有效后，调取并添加刚才编辑好的【Input Mapping Context】文件。

图 5-12

当需要为人物添加多个增强输入系统文件时，用【Add Mapping Context】依次添加即可。

5.3.3　编写行走事件的逻辑

到目前为止，我们所做的仅仅是让小白人可以接收玩家的输入，这些输入暂时还没有任何效果，因为某种意义上我们只是编写了一个【Event BeginPlay】或按下【P】键这样的事件开始节点。

现在让我们在节点搜索框中输入“Enhanced Input Action”，找到刚才编写好的输入事件，如图 5-13 所示，这个红色节点即可实现对【W】【S】【D】【A】4 个键的响应。当然，由于我们分别对 4 个键添加了不同的修改器，因此响应时【Action Value】（操作值）会有区别。

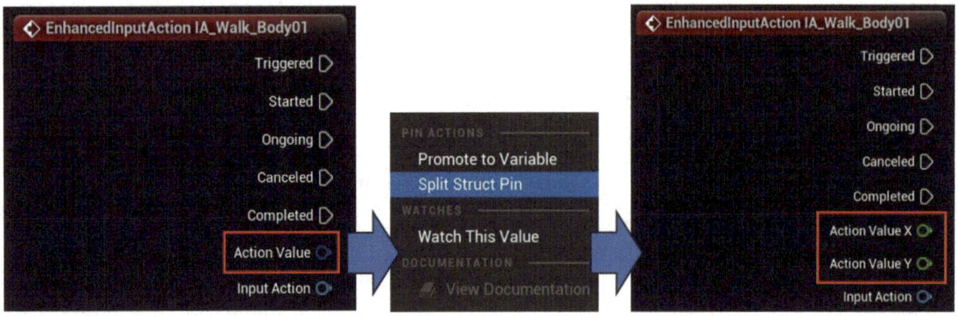

图 5-13

实现小白人运动的核心节点是【Add Movement Input】（添加移动输入），它用【World Direction】来确定方向、【Scale Value】来确定移动量，因此我们将图 5-13 中的【Action Value X】和小白人向右的向量组合来实现左右移动，将【Action Value Y】和小白人向前的向量组合来实现前后移动（图 5-14）。

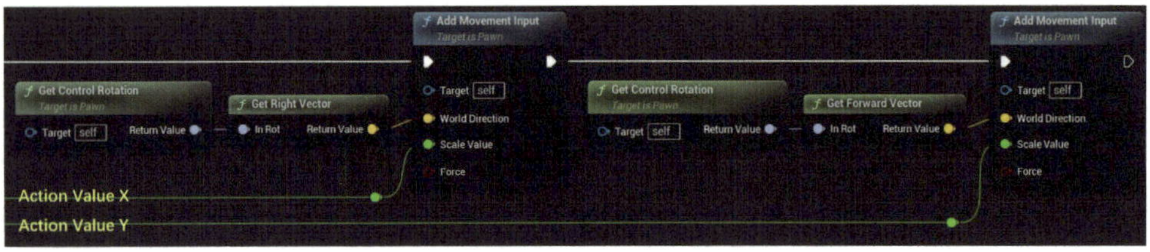

图 5-14

5.4 调整与优化人物前进时的视角

小白人终于成功地动了起来——虽然现在的它只是像块砖头一样在地面上平移，但也算是迈出了第一步。在此基础上我们来进行一些实用的调整，让该游戏对玩家的输入操作的响应距离正常游戏更进一步。

5.4.1 让人物改变前进方向时及时转身

首先要解决小白人在左右移动时像螃蟹一样横着走的问题（图 5-15）。我们希望它在左移、右移甚至向后移时，能及时将身体转向调整到前进方向上。

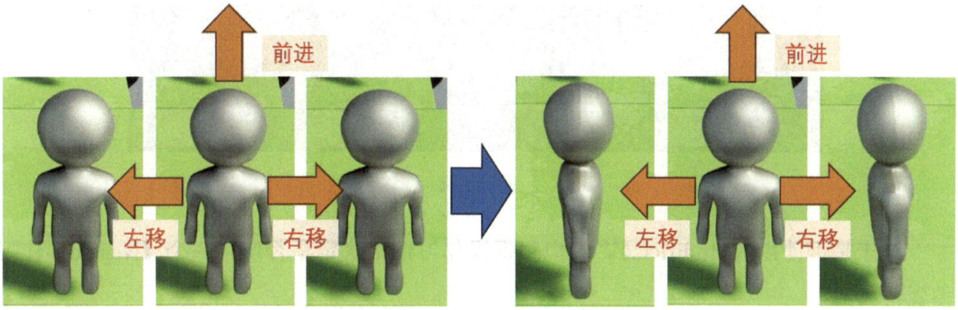

图 5-15

Character 类型蓝图内置了丰富的运动逻辑，这里只需修改以下两个设置即可：

1. 在组件窗口选择根组件即【Self】(等同于在工具栏选择【Class Default】即类默认值)，将细节面板的【Pawn】→【Use Controller Rotation Yaw】(使用控制器旋转 Yaw) 取消勾选；
2. 在组件窗口选择【Character Movement】，将细节面板的【Rotation Settings】→【Orient Rotation to Movement】(将旋转朝向运动) 勾选，并将【Rotation Rate】在 z 轴上的速度设为 500。

这样每当人物收到转向指令时，它就会无视摄像机的朝向，以 500 的速度转向新的前进方向。

5.4.2 用鼠标实时调整水平视角

很多 3D 游戏可以一边控制主角行走，一边用鼠标或触控板调整玩家视角，从而让玩家的游戏体验更舒适。这同样是输入响应的一环，也就是说需要再编写一个增强输入系统。

首先是【Input Action】的数据类型。如果我们只调整水平视角而不需要垂直视角的话，显然一个连续的浮点数就足够了——鼠标向右滑动时为正数，摄像机朝右转；鼠标向左滑动时为负数，摄像机朝左转。因此【Value Type】为【Axis 1D (float)】。

其次我们已经有了一个包含控制人物运动输入的【Input Mapping Context】，因此不需要新建，直接把刚才调整视角的【Input Action】加载进去即可。唯一需要注意的一点是此时激活事件的设备是鼠标而不是键盘，因此要在下拉菜单中进行选择（图 5-16）。

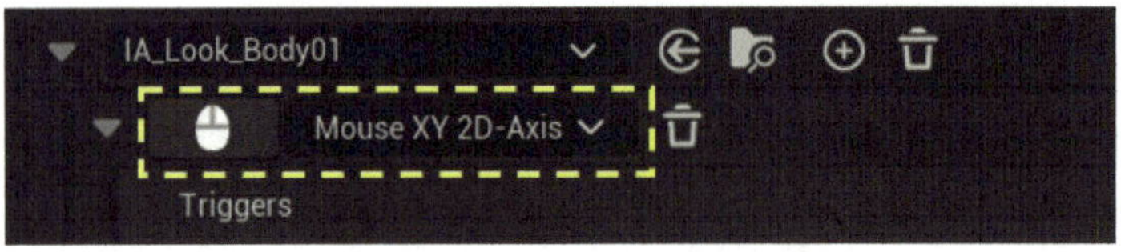

图 5-16

至于是否使用【Modifiers】，可以根据操作习惯来决定是否使用一个【Negate】让视角旋转反向。

在事件编写上，用于实现核心功能的节点是【Add Controller Yaw Input】（添加控制器 Yaw 输入）。如果在水平方向调整视角的基础上还想实现垂直方向调整视角，则可以额外增加节点【Add Controller Pitch Input】。当多出一个调整维度后，【Input Action】中使用的【Axis 1D（float)】就不够用了，要改成两个维度的【Axis 2D（Vector 2D)】才行（图 5-17）。

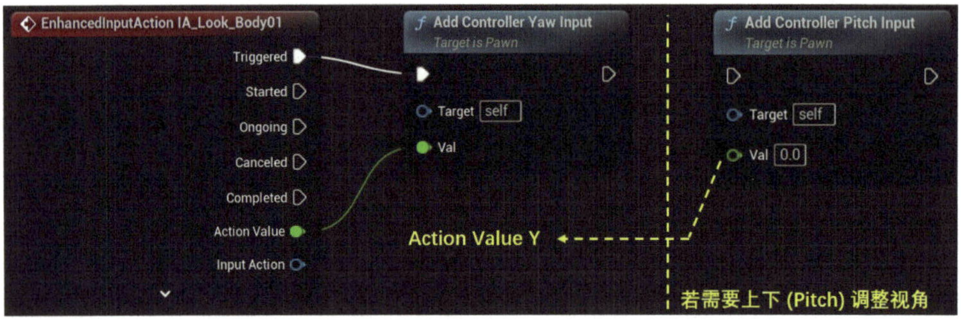

图 5-17

除此之外，在组件窗口选中摄像机连接杆，在细节面板的【Camera Settings】中找到【Inherit Pitch】（继承 Pitch）这个复选框，如果想自由调整上下视角，也需要将其勾选。

5.5 生成人物行走和跑动时的动画

解决了操作问题，现在再回到小白人行走时的动作上来。主角是小球时，它是以“滚动”作为前进动作的，而小白人的前进动作毫无疑问应该是“走”。因此如果能让它在前进时一直播放一段由骨骼控制的动画，就能呈现出“走”的效果。

事实上在游戏设计工作中，Unreal Engine 5 并不常被用来制作动画，很多动画会在其他软件中完成制作后以 FBX 格式导入项目，并以 Animation Sequence（动画序列）类型文件的形式展示出来（图 5-18）。

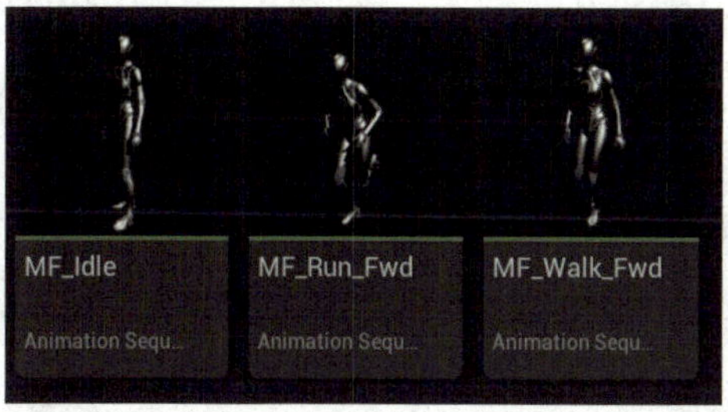

图 5-18

动画序列文件都会绑定特定的骨骼，这在缩略图中就可以看出来。不过当我们想要将已有的动画使用在另一具骨骼上时，无须使用其他软件——这也是本节标题用了“生成”而不是“制作”的原因。Unreal Engine 5 提供 IK Retarget（IK 重定向）工具，可以在两具骨骼间建立一个映射，通过它可以将源骨骼的动画重定向到目标骨骼上。下面我们将系统自带的 Mannequin 动画重定向到小白人身上。

5.5.1 建立源骨骼和目标骨骼的 IK 绑定与重定向器

重定向过程并不会对骨骼结构、形变造成破坏，它本质上是将两具骨骼分别绑定一套控制器（IK 绑定），再用一个重定向器传递动画效果。因此我们首先要在鼠标右键菜单的【Animation】（动画）→【IK Rig】（IK 绑定）中新建两个【IK Rig】，并在两个【IK Rig】的细节面板中分别加载源骨骼网格体和目标骨骼网格体；之后再新建一个【IK Retargeter】（IK 重定向器），并在其中指定源 IK 和目标 IK。

我们打开新建好的重定向器（图 5-19），便可实时预览两具骨骼间动画的传递情况。

1. 预览设定：通过调节其中的数值，可以改变两个网格体的相对位置，例如把【Target Mesh Offset】（目标网格体偏移）的 x 值增加 100，就可以将两个网格体在 x 轴上分开 100 的距离，便于对比。

2. 动画资产预览：包含源骨骼网格体匹配的所有动画序列，单击播放任意动画，可以对比其应用在两个骨骼网格体上的表现效果，从而判断是否需要进一步调整。当前由于我们还没有设置任何重定向逻辑，因此只能看到源骨骼网格体在动，目标骨骼网格体则是完全静止的。

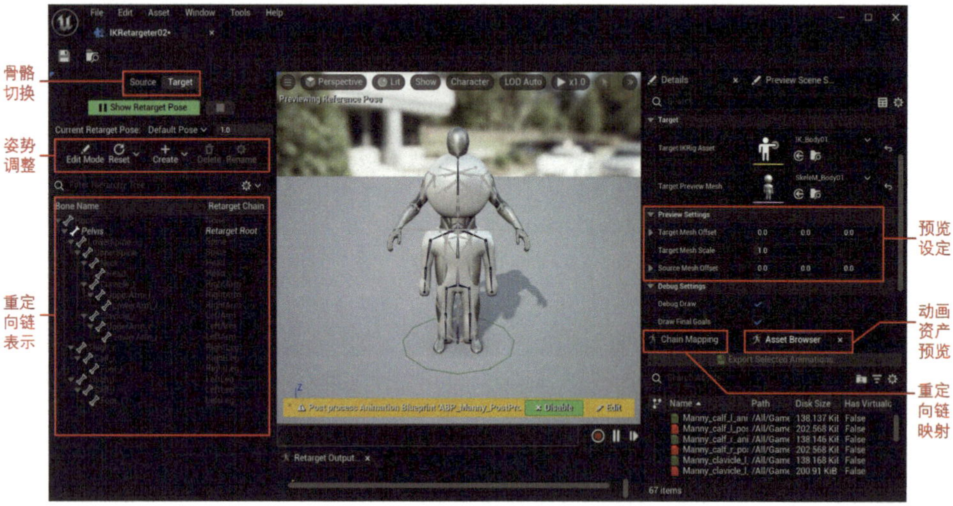

图 5-19

3. 后续重定向映射的很多工作需要在【IK Rig】中完成。但即便如此，也建议每完成几步设置就回到重定向器中播放几个动画看看效果。

4. 姿势调整：骨骼的姿势经常会有差异，例如图 5-19 中 Mannequin 双手自然抬起，而小白人则两手下垂。这时要切换至【Target】（目标）骨骼，并单击【Edit Mode】（编辑模式），在预览界面调整小白人手臂骨骼的旋转，使小白人与 Mannequin 的姿势相匹配（图 5-20）。调整过程中应善用【Perspective】（透视），以获取尽可能准确的结果。

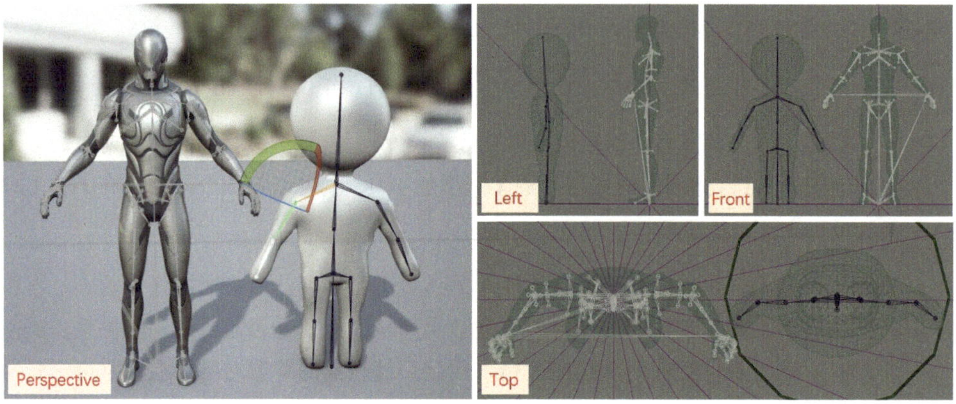

图 5-20

5. 重定向链映射：重定向的核心逻辑。我们需要在两个【IK Rig】中分别设置若干条能代表各自身体结构的【Retarget Chain】（重定向链），例如左腿、右腿、左手、脊柱……之后将二者表示相同身体结构的“链”进行匹配，作为传递动画的逻辑，从而实现重定向。

5.5.2 设置重定向映射

在设置重定向链之前，重定向算法还需要一个【Retarget Root】（重定向根）作为匹配重定向链的基准点。重定向根和重定向链都可以在【IK Rig】的【Hierarchy】（层级）中添加，选中目标骨骼后单击鼠标右键，在弹出的菜单中进行新建。新建好的重定向链会出现在【IK Rig】的【IK Retargeting】（IK 重定向）中，在这里可以修改重定向链的名称及其所包含的骨骼（图 5-21）。

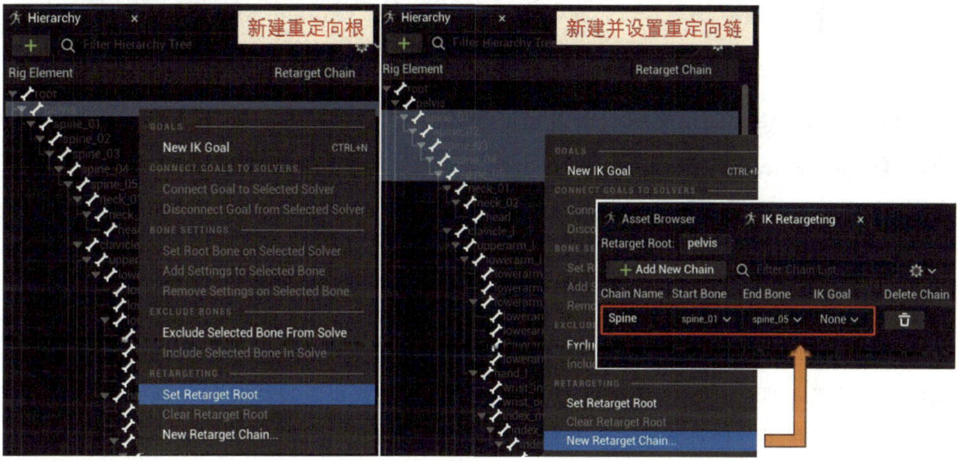

图 5-21

作为参考，表 5-1 列出了 Mannequin 重定向到小白人时所使用的重定向链及其所包含的骨骼。

表 5-1

重定向链	Mannequin 骨骼	小白人骨骼
Spine（脊柱）	spine_01、spine_02、spine_03、spine_04、spine_05	LowerSpine、UpperSpine
Neck（颈部）	neck_01、neck_02、head	Neck、Head
Left Arm（左臂）	upperarm_l、lowerarm_l、hand_l	Clavicle_l、UpperArm_l、LowerArm_l
Right Arm（右臂）	upperarm_r、lowerarm_r、hand_r	Clavicle_r、UpperArm_r、LowerArm_r
Left Leg（左腿）	thigh_l、calf_l、foot_l、ball_l	Thigh_l、Calf_l、Foot_l
Right Leg（右腿）	thigh_r、calf_r、foot_r、ball_r	Thigh_r、Calf_r、Foot_r

之后我们回到重定向器的【Chain Mapping】（链映射）中，将两个【IK Rig】的链一一匹配，便可预览重定向后的动画效果了（图 5-22）。

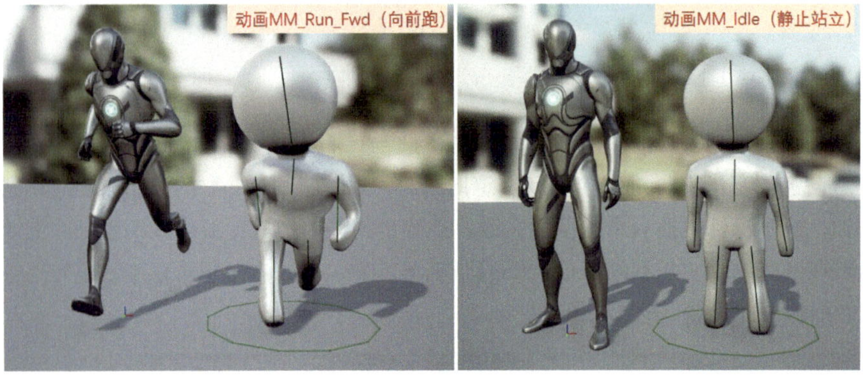

图 5-22

当我们对重定向的结果感到满意时，就可以在【Asset Browser】（资产浏览器）中单击【Export Selected Animations】（导出选定动画），将小白人的动画输出到指定的文件夹中。

5.5.3　添加关键帧微调动画序列

重定向功能的便捷性是毋庸置疑的，然而它也有很大的局限性，例如两具骨骼间的结构、大小等差距过大时，其结果总是不尽如人意的。对于这类骨骼网格体，我们可以采用在输出后的动画序列中为某些骨骼添加少量关键帧的方法来达到微调的目的。

例如刚刚输出的站立动画，可以看到小白人有些“驼背”。显然如果能给脊柱添加一个常驻的变化量（例如在 x 轴上转动 –10°），就可以让它挺直腰杆。为此，我们打开动画序列编辑器，在预览界面直接选中“LowerSpine”骨骼，将其在 x 轴上转动 –10°，并单击工具栏中的【+Key】按钮，为这一变动添加一个关键帧（图 5-23）。

可以看到时间轴【Additive Layer Tracks】（叠加图层轨道）中出现了该骨骼，并显示其【Rotation】在 x 轴上偏移了 –10°。这其实就是关键帧的实质——把骨骼的形变作为额外曲线叠加到已有动画曲线上。当不再需要它时，只需在【Rotation】旁的【Curve】中选择并删除该曲线即可。

当然很多时候我们需要在不同时间点添加多个关键帧，这时只需暂停动画，将时间轴移动到需要的时间点，调整骨骼形变并单击【+Key】按钮，如此重复即可。

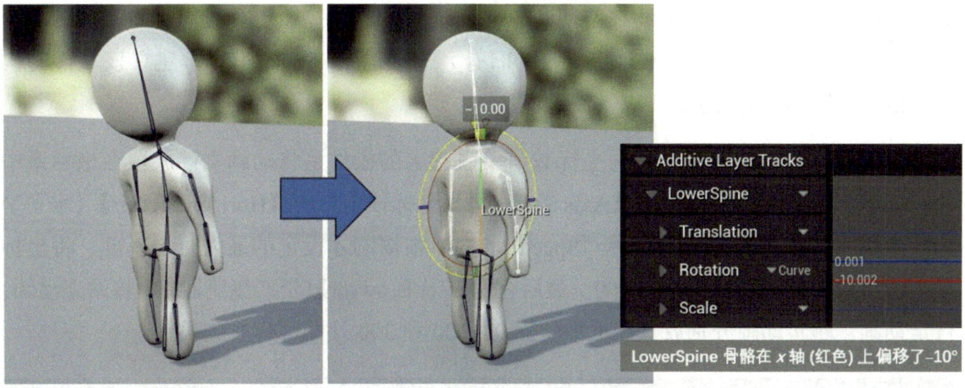

图 5-23

5.6 用动画蓝图控制人物的常驻动画

在得到了小白人静止、行走和跑步的动画后，如果想要让小白人在前进时一直播放动画，例如跑步动画，只需在小白人蓝图中选择【Mesh】（网格体）组件，并将细节面板中的【Animation】（动画）→【Animation Mode】（动画模式）设置为【Use Animation Asset】（使用动画资产），并在【Anim to Play】（要播放的动画）中选择跑步动画即可。

然而新的问题出现了：小白人即使站立不动，依然会播放跑步动画。看来我们需要一种解决方案，能根据小白人的前进速度选择性地播放动画，比如速度为 0 时播放站立动画、速度为 100 时播放行走动画、速度为 300 时播放跑步动画。

好在【Speed】是 Character 类型蓝图的常驻参数，同时在【Character Movement】组件的细节面板中还可以方便地将【Walking】（行走）→【Max Walk Speed】（最大行走速度）设为 300，这样当按住方向键时，小白人的速度就会加速到 300，松开方向键后，速度就会降到 0。至于根据速度播放动画，Unreal Engine 5 则有专门的工具——混合空间（Blend Space）。

5.6.1 在混合空间中将动画和速度相关联

在单击鼠标右键弹出的菜单的【Animation】中可以找到【Blend Space】，注意这不是本次我们需要的混合空间类型，它的全称是 Blend Space 2D，即根据 x 轴和 y 轴两个数值来播放动画，通常用在人物在空间各方向前进时的动画播放上。我们需要新建的混合空间类型是【Animation】→【Legacy】（旧有）→【Blend Space 1D】，建立该文件时同样需指定其所绑定的骨骼。

打开文件后，把动画播放与坐标数值关联起来的操作是将动画文件放置在坐标系中（图 5-24）。首先在细节面板的【Axis Settings】（坐标设定）→【Horizontal Axis】（水平坐标）中填入本次相关数值的名称“Speed”，之后根据刚才设定的最大行走速度，将坐标最小值和最大值分别设为 0 和 300。最后在【Asset Browser】（资产浏览器）中将站立动画、行走动画、跑步动画分别放置在水平坐标 0、100 和 300 处即可建立关联。

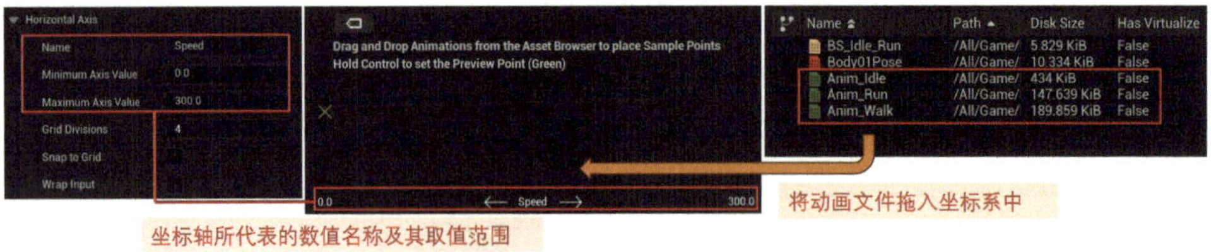

图 5-24

这样建立起来的关联，并不是简简单单像分段函数那样“当 x 等于某值时播放某动画”，而是让骨骼从一个坐标的形变线性过渡到下一个坐标的形变，是一种连续的变化。因此理论上当速度处于 0 到 300 间任意坐标点时小白人都会有独特的行走动画（超过 300 时就会一直播放跑步动画）。

当需要预览不同速度下小白人的动画时，只需按住【Ctrl】键，在坐标轴上拖动鼠标即可。

5.6.2　在动画蓝图中实时获取速度

那么做好的混合空间如何用在小白人蓝图中呢？本节开篇我们给小白人选择前进的动画时，曾将【Animation Mode】设置成【Use Animation Asset】，其实这里还有另一个选项【Use Animation Blueprint】（使用动画蓝图）。这个可以被人物蓝图便捷加载使用的“动画蓝图”，就是 Unreal Engine 管理人物的所有动画参数、动画切换逻辑并输出最适合当前情况的动画的专用蓝图。在一般游戏中，它几乎是所有小白人蓝图的默认动画模式。

首先我们单击鼠标右键，在弹出的菜单中选择【Animation】→【Animation Blueprint】，打开新建的动画蓝图（同样需绑定骨骼），可以看到【AnimGraph】（动画图表）中硕大显眼的【Output Pose】(输出姿势)。如果我们把跑步动画从【Asset Browser】(资产浏览器)中拖出来连到输出姿势上，并在细节面板中勾选【Loop Animation】(循环动画)，则在单击【Compile】(编译)后，动画蓝图将无条件循环输出跑步动画，其效果等同于本节开篇设置的效果（图 5-25)。

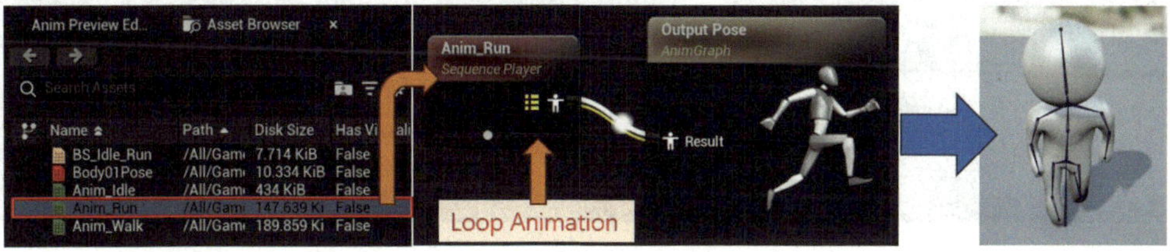

图 5-25

如果连上的是混合空间，由于它包含了一个参数【Speed】，那么输出姿势将根据该参数值的变化而发生变化。接下来我们将【Speed】拖出，并设置【Promote to Variable】(提升为变量)，之后便可以从小白人蓝图的【Character Movement】组件中获取其数值了。

然而在【AnimGraph】中无法编写事件，我们还需要将其切换为【Event Graph】(事件图表)。这里的事件图表虽然与小白人蓝图中的同名，但二者有部分节点并不相同。首先这里的事件图表中默认的事件开始节点【Event Blueprint Update Animation】(事件蓝图更新动画)的功能与【Event Tick】类似，如果要进行类型转换、变量提升之类的准备工作，最好调用【Event Blueprint Initialize Animation】(事件蓝图初始化动画)，从而避免使用系统资源去重复运行类型转换这类操作（图 5-26)。

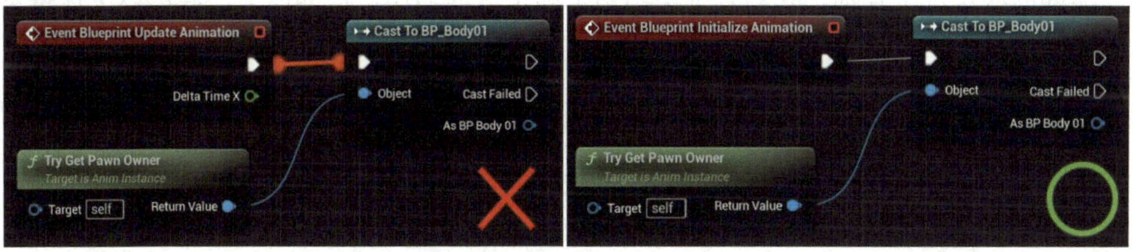

图 5-26

后续获取速度数值的节点就可以放在类似【Event Tick】这样的节点后面，因为我们确实需要一个实时更新的【Speed】数值。【Speed】数值本质上则是【Character Movement】组件中的内置变量【Velocity】向量在 xy 平面上的投影长度（图 5-27)。

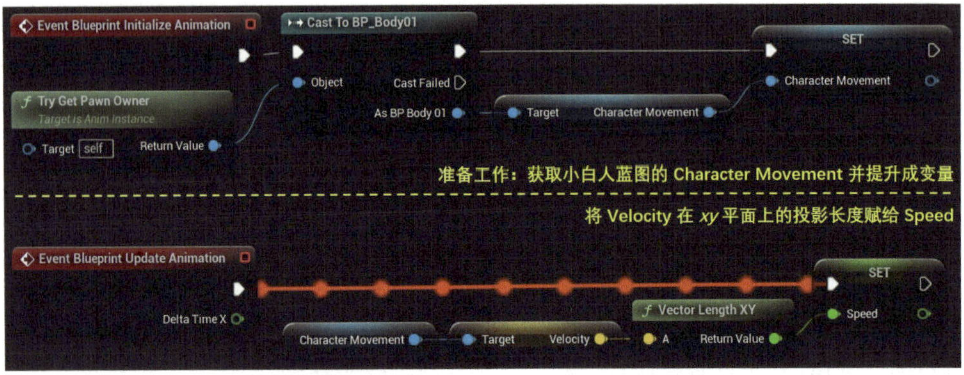

图 5-27

这样小白人前进时的输出动画就完全和它前进时的速度关联起来了。

5.6.3　在动画蓝图中设置不同动画的混合逻辑

动画蓝图的功能是非常强大的，例如在【AnimGraph】中，我们虽然无法编写事件，但它其实内置了很多具备强大功能的专用节点。例如【Layered blend per bone】（每个骨骼的分层混合）可以把两个动画分别只取部分骨骼进行混合；【Blend Poses by bool】（按布尔混合姿势）可以将实时变化的布尔变量作为条件来判断输出哪个姿势。

举个例子，我们现在打算设计一个“长按鼠标左键持续挥动右手、松开鼠标左键返回基础姿势”的交互动作。现在我们有 Anim_Throw 这一动画资产，但由于该动画头部和腿部的动作过于夸张，我们只想使用躯干和手臂的动作，颈部以上、髋部以下保持基础姿势（图 5-28）。这就需要用到每个骨骼的分层混合。

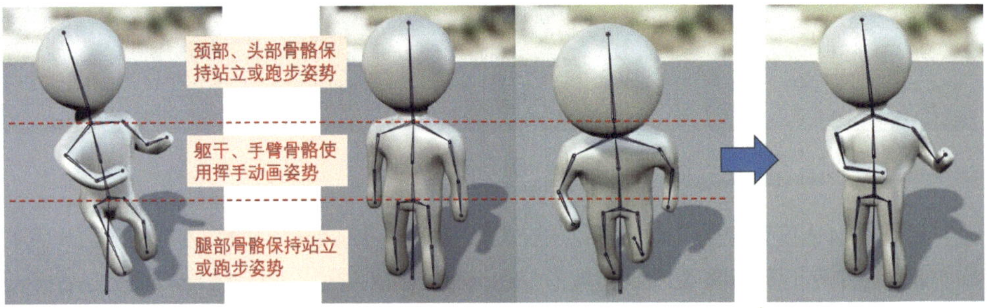

图 5-28

首先把之前输出的姿势，即基础姿势用【New Saved Cached Pose】（新保存的缓存姿势）缓存一下，方便在多个地方重复调用该姿势去跟其他动画混合，之后记得在细节面板中修改一个便于记忆的名字（以“Basic Pose”为例）。在用【Layered blend per bone】混合缓存姿势与新动画时，需要使用缓存姿势作为【Base Pose】（基础姿势），使用【Use cached pose】（使用缓存姿势）节点来调用它（图 5-29）。

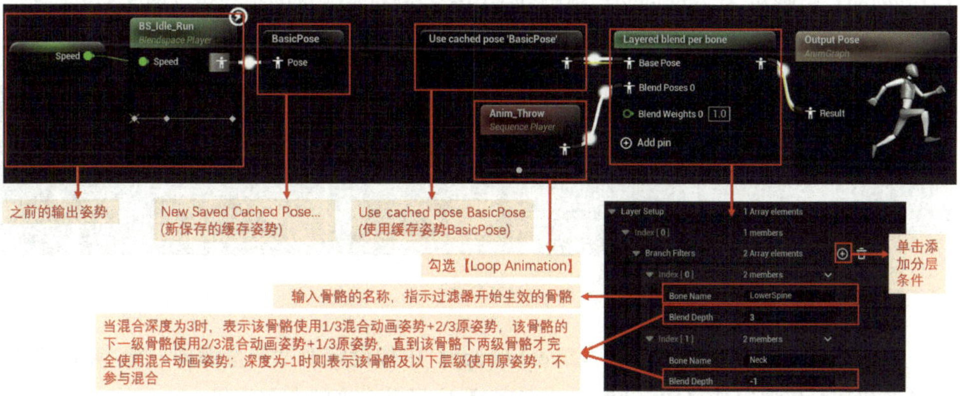

图 5-29

之后将挥手动画联入【Blend Poses】并设置为始终循环，编译后会看到输出的姿势和上一节没有任何差别，这是因为【Layered blend per bone】的分层方式还没有设置。在细节面板【Layer Setup】（层设置）→【Index】（索引）→【Branch Filters】（分支过滤器）中添加两个分层条件：第一，因为我们需要脊柱层级以下的骨骼（包括手臂）被选中，所以添加一个【Bone Name】（骨骼名称）为“Lower Spine”、混合深度为正数的过滤器；第二，因为我们不想要颈部和头部被选中，但它们是在脊柱层级之下的骨骼，所以还需要添加一个骨骼名称为“Neck”、混合深度为“-1”的过滤器来表示“这个骨骼及以下层级不包含在内”，从而剔除颈部和头部两部分的骨骼。

这样就得到了图 5-28 所示的混合动画，只是目前它随时都在触发，因此我们还需要使用【Blend Poses by bool】来设定它的触发条件（图 5-30）。

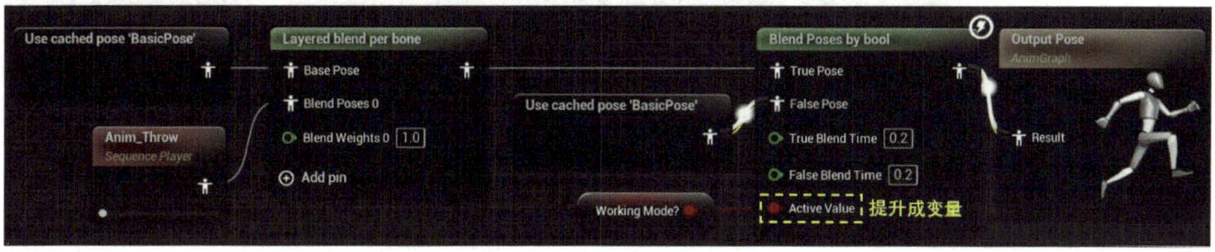

图 5-30

通过【Blend Poses by bool】的节点名称可以知道，这是用一个布尔变量来判断使用【True Pose】还是【False Pose】的与【Branch】类似的节点。因此可以将【True Pose】设定为刚才的混合动画，【False Pose】设定为基础姿势。触发与否的布尔条件就是长按（Hold）鼠标左键与否，输入系统的编写可以参照 5.3 节对增强输入系统的讲解，事件开始节点的【Triggered】引脚和【Completed】引脚分别用来控制布尔变量的是与否（图 5-31）。

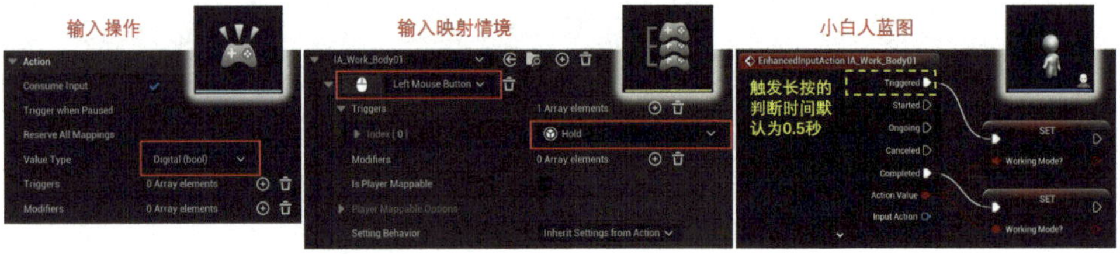

图 5-31

最后我们只需在动画蓝图的【Event Graph】中像设定速度变量那样，把小白人蓝图中的布尔变量传递给从【Blend Poses by bool】中提升出来的布尔变量。

5.6.4　用状态机设置更复杂的动画切换

两个姿势间的切换相对容易。可实际上在游戏制作中，我们常常会遇到跳跃、翻滚、攀爬、下蹲等很多姿势之间的来回切换，当姿势多到一定程度后用条件变量来一一判断并切换对应的姿势十分麻烦且效率也不高。此时就有必要使用状态机（State Machine）来升级一下解决方案。

状态机是动画蓝图【Event Graph】中的一个节点，可以像调用其他节点一样添加【State Machine】并调出使用。与其他节点不同的是，双击它会打开一个专门的状态机编辑窗口（图 5-32）。

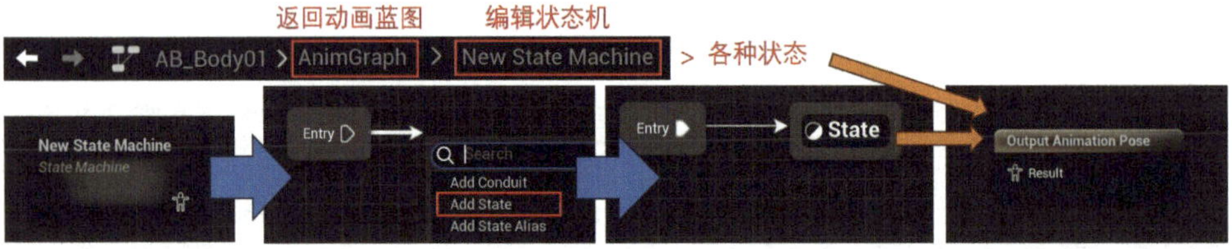

图 5-32

窗口中的【Entry】表示状态原点，选中它用鼠标拖出一个箭头，接着可以通过

【Add State】节点添加新的状态。单击任意状态会打开新的编辑窗口，窗口中的【Output Animation Pose】节点表示该状态的输出姿势。此外当前路径会被记录在状态机编辑窗口上方的路径栏中，我们可以通过单击路径中的某一名称返回至相应层级，或单击【AnimGraph】直接返回动画蓝图窗口。

让我们以跳跃姿势为例。首先还是用增强输入系统设置一个跳跃键来启动小白人蓝图动作系统中的“上升”这一过程，例如空格键。之后将事件开始节点的【Triggered】引脚联入【Jump】（跳跃）节点、【Completed】引脚联入【Stop Jumping】（停止跳跃）节点来完成上升过程。

最后“跳跃”作为游戏人物的一整套动作，实际上可以被细分为“起跳”“滞空”和“落地”3 个阶段（图 5-33）。之所以需要这样区分一下，是因为第二阶段滞空的持续时间通常不确定。

图 5-33

之后我们需要在状态机中建立 3 个状态来分别代表这 3 个阶段，加上基础姿势（站立和跑步）状态一共 4 个状态，并设置它们之间相互切换的路径和逻辑（图 5-34）。

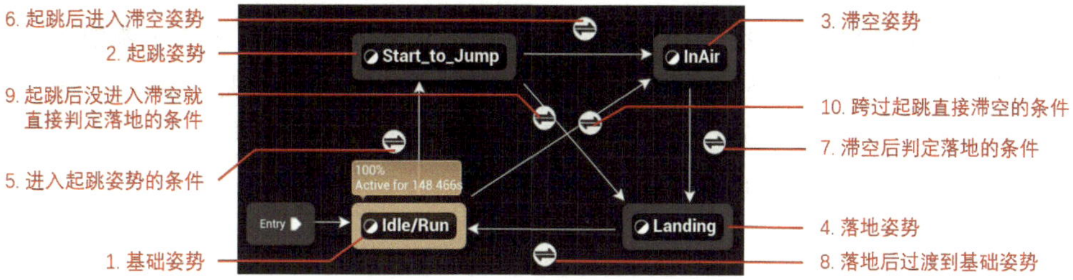

图 5-34

1. 基础姿势：混合空间的站立和跑步动画，直接用【Use cached pose】调用即可。
2. 起跳姿势：起跳动画，直接把起跳动画拖进来联入输出节点即可。
3. 滞空姿势：滞空动画，直接把滞空动画拖进来联入输出节点即可，只是别忘了勾选循环播放。
4. 落地姿势：和前几个姿势直接调用动画有所不同，落地动画是一个【Additive Animation】（附加动画），简单地说就是需要附加在同骨骼的其他动画之上，与其他动画合并成一个混合动画来呈现效果（图 5-35）。

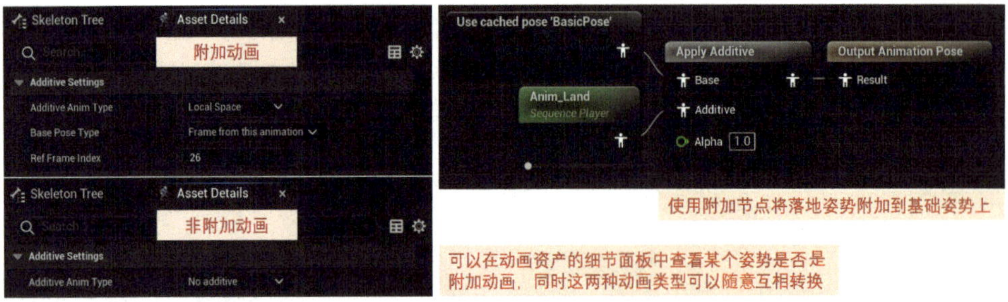

图 5-35

这样当人物启动落地动画时可以更自然地向跑步或站立姿势过渡。

5. 进入起跳姿势的条件：事实上在游戏中当玩家按下空格键时，小白人就已经腾空而起了，因为我们在增强输入系统中完成了跳跃设置。剩下的问题就是如何在小白人腾空而起的瞬间播放起跳动画。

   我们在图 5-27 中获取了小白人蓝图的【Character Movement】组件，它的诸多内置参数中有一个是用来判断人物是否还在地面上的，节点【Is Falling】（正在掉落）可以调用该组件（图 5-36）。

   此外，如果人物只是从台阶往下跳，【Is Falling】也会为“是”，但我们都知道一个人站在台阶上向下跳时是不需要“起跳”的，通常更合理的流程是直接进入“滞空”。因此为了排除这种情况，还需要取【Velocity】在空间 z 轴正方向上的速率，判断其是否大于某个值，从而推出是否需要“起跳”。

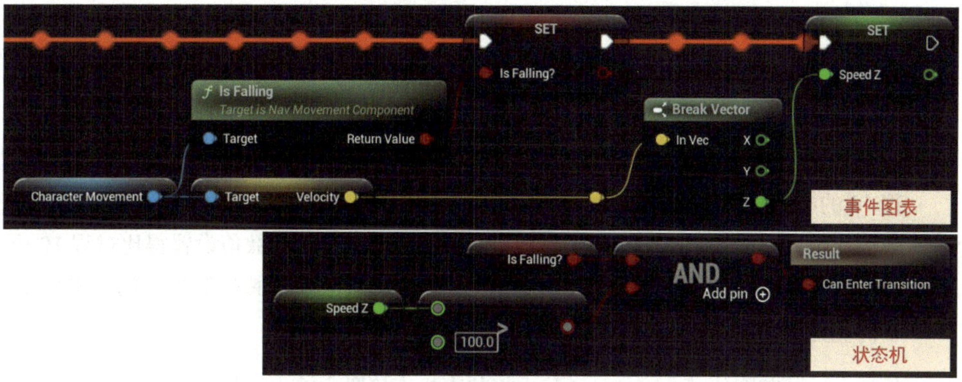

图 5-36

6. 起跳后进入滞空姿势：起跳完成后会顺理成章地进入滞空，这不需要什么额外条件，只需要前一个动画序列播放完即可。因此无须设置任何状态，只用在状态的细节面板中勾选【Automatic Rule Based on Sequence Player in State】（基于状态中序列播放器的自动规则）即可。

7. 滞空后判定落地的条件：与过程 5 相反，当小白人不在空中，即【Is Falling】为“否”的时候判定为落地（图 5-37）。【Not Boolean】是一种表示“不成立”的逻辑运算，和图 5-36 中表示“双方均成立”的【And Boolean】，以及另外一个常用的表示“二者成立其一”的【Or Boolean】一样，都可以用来对已有布尔变量进行运算转换。

图 5-37

8. 落地后过渡到基础姿势：和过程 6 一样，按动画序列的播放顺序进行即可，需要勾选【Automatic Rule Based on Sequence Player in State】。除此之外还应该留意一下细节面板中的【Blend Settings】（混合设置）→【Duration】（时长），该参数是指当前动画序列跟前后动画序列转换时花多长时间来进行淡入淡出的混合，从而使动画间的过渡更自然。

9. 起跳后没进入滞空就直接判定落地的条件：与过程 7 类似，无论是起跳结束进入滞空后再落地，还是起跳没结束就直接落地，反正只要小白人碰到地面就应该启动落地动画，因此同样按图 5-37 设置状态即可。

10. 跨过起跳直接滞空的条件：通常为站在高台边缘直接跳下时的情境，在过程 5 中已经论述过这种情况。即只需考虑【Is Falling】变量为“是”的情况，而无须考虑【Velocity】在空间 z 轴正方向上的速率。

只是需要注意，过程 10 实际上是过程 5 的一部分，因此当满足过程 5 的条件时，过程 10 的条件显然也是满足的。为了让系统能优先选择过程 5，我们需要调整二者细节面板中【Priority Order】（优先顺序）的数值，把过程 5 的数值设置得比过程 10 小，使过程 5 的优先级会更高。虽然这有些反直觉，但可以将其理解为“第 1 名比第 2 名的优先级高”。

最后在动画蓝图的【AnimGraph】中将状态机直接联入输出姿势节点即可使用带有跳跃功能的基础姿势，也可视需求而定将状态机当成普通节点，用本节介绍的方法将其和其他姿势混合输出。

5.7 用动画蒙太奇触发非常驻动作

在上一节中我们用动画蓝图编写了小白人跑步、跳跃等常驻动画的播放逻辑，这些动画由于始终在播放，或者触发频率很高，为了使用方便可以被写进状态机中占用每帧系统资源。而对于偶发性动作，例如攻击、被撞，可能长时间都不会触发，即使触发也就播放一次动作，显然就没必要在状态机中为它们编写状态了，毕竟这样过于烦琐。此时我们更多会去考虑使用这些动画时的灵活性、功能性，因此【Animation Montage】（动画蒙太奇）这种功能强大、高度契合动画蓝图、使用时仅需在小白人蓝图中用事件触发的动画资产类型就诞生了。

5.7.1 将动画序列转化为动画蒙太奇

每一个动画序列文件都可以转化为对应的动画蒙太奇。以资产 Anim_Throw2 为例，在单击鼠标右键弹出的菜单中选择【Create】（创建）→【Create AnimMontage】（创建动画蒙太奇）便可在同一文件夹内自动生成对应的动画蒙太奇。动画蒙太奇编辑界面和动画序列非常相似，主要都由左侧的资产细节面板以及下方的时间轴组成。较为明显的差异包括：动画蒙太奇的资产细节面板中可调整动画的混入、混出时长，同时时间轴旁新增设置动画蒙太奇插槽和添加通知两项功能（图 5-38）。

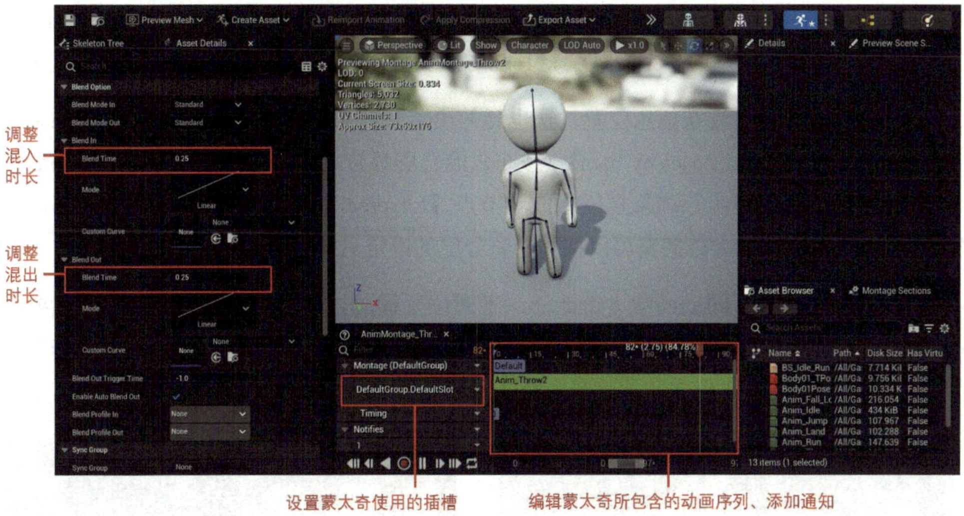

图 5-38

混入和混出很好理解，毕竟动画蒙太奇的诞生就是为了在常驻动画中穿插临时动作，因此做好动画之间的过渡很有必要。例如图 5-38 中混入时长和混出时长均为 0.25 秒，当这个动画蒙太奇播放时，它的前 0.25 秒就会被用于从前一个姿势（大概率是跑步、站立之类的常驻动画）过渡到当前蒙太奇的姿势，后 0.25 秒则被用于从当前蒙太奇的姿势过渡到结束后的姿势。

而插槽这个概念就相对抽象一些了。事实上如果我们不做进一步设置，是无法用蓝图节点来正常播放动画蒙太奇的。因为动画蒙太奇实际上是被“临时插入”动画蓝图中播放，而不是中止动画蓝图的功能后再播放的，所以这里就需要一个表示“插入点”的插槽。

从图 5-38 可以看出当前这个蒙太奇使用的插槽是【DefaultSlot】，显然我们还需要在动画蓝图中标示出这个插槽的位置（图 5-39）。

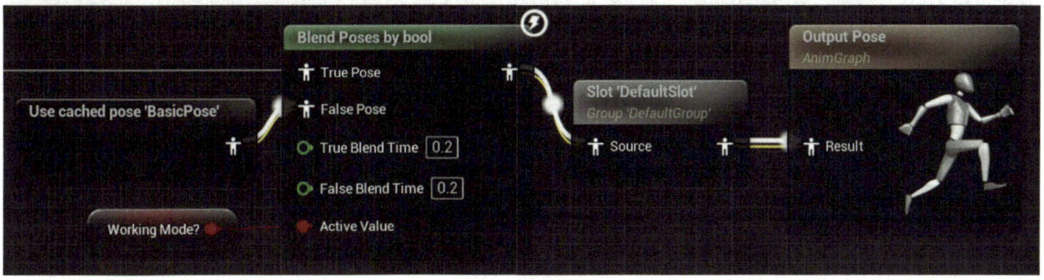

图 5-39

如图 5-39 所示，使用节点【Slot ‘DefaultSlot’】即可将插槽在动画蓝图中标示出来。这样当该蒙太奇被触发时，系统就会将其临时插入【Output Pose】前面的位置进行播放。

由于插槽可以被放在任意位置，这也延伸出了一些灵活用法。例如图 5-39 中如果插槽被放在节点【Blend Poses by bool】（按布尔混合姿势）之前，那该蒙太奇也会参与后续姿势的混合。更进一步，如果把插槽放在节点【Layered blend per bone】（每个骨骼的分层混合）之前，该蒙太奇甚至可以按照骨骼分层的设定只播放特定骨骼的动画序列。

如果我们希望不同动画蒙太奇能插入不同位置播放，还可以设置多个插槽。只要在蒙太奇编辑界面的时间轴旁调出【Slot Manager】（插槽管理器），即可添加插槽并修改插槽名称（图 5-40），之后在动画蓝图中便能用节点【Slot ‘ 插槽名 ’】选用不同插槽。

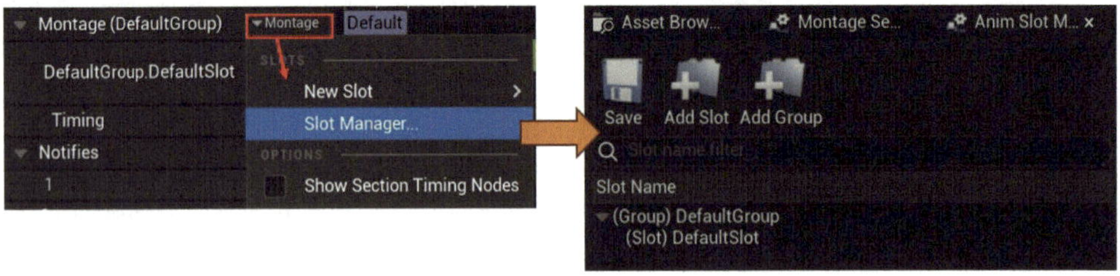

图 5-40

5.7.2　在小白人蓝图中调用动画蒙太奇

至于动画蒙太奇的使用就非常简单了。核心节点为【Play Montage】（播放蒙太奇），设置好需要播放的动画蒙太奇，在组件中选择【Mesh】并联入【Play Montage】节点以表示使用该骨骼网格体，最后调整一下播放速率和播放起始时间即可（图 5-41）。

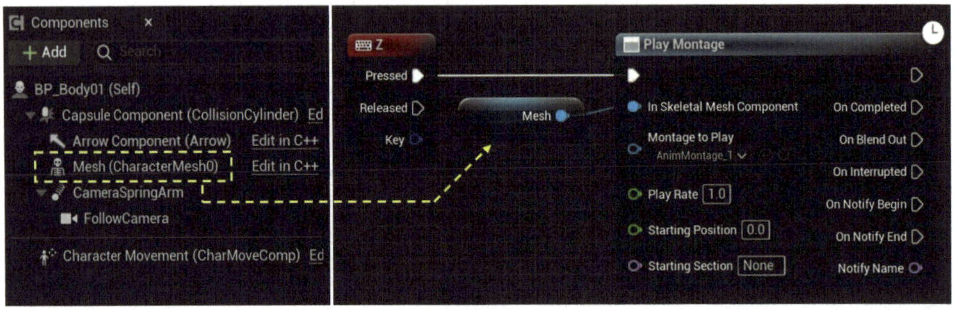

图 5-41

值得一提的是，【Play Montage】节点有很多输出执行引脚，如有后续节点需谨慎选择。默认输出引脚表示“不做停留继续执行”，因此如果后续节点的效果是播放另一个动画蒙太奇的话，另一个动画蒙太奇的播放就会直接覆盖前一个蒙太奇的播放，此时可以使用【On Completed】(完成时)，表示当前蒙太奇彻底播放完后才会开始播放接下来的动画。

当然作为一个事件，图 5-41 中的编写显然过于简单，其中有很多需要优化的细节问题，例如在播放蒙太奇的途中重复按【Z】键会重新播放蒙太奇，播放蒙太奇时小白人仍然可以通过按方向键移动等。这些就交给读者朋友们去摸索吧！图 5-42 给出了一个简单的解决方案以供参考。

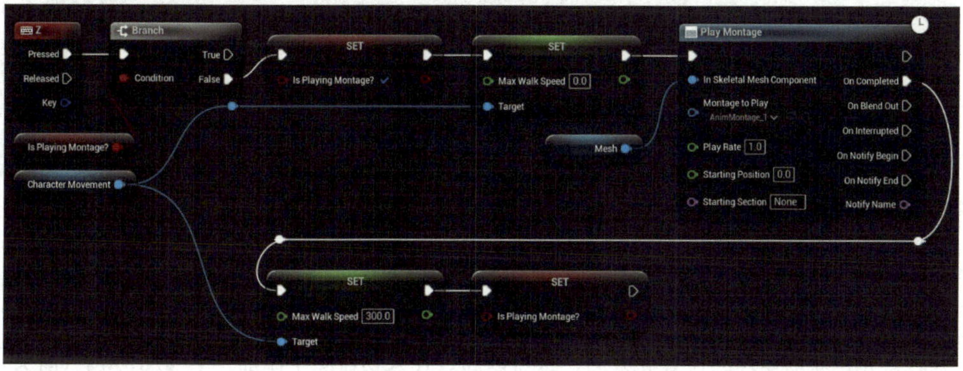

图 5-42

5.7.3 用 Notify（通知）在蒙太奇中标示出事件发生的时间点

我们还可以在时间轴上给蒙太奇添加【Notify】(通知)，使其在通知所标注的时间点触发一系列事件，例如生成粒子效果、播放脚步声。具体操作方法如图 5-43 所示，在时间轴上将鼠标指针放在某个时间点，单击鼠标右键，便可在弹出菜单的【Add Notify】(添加通知) 中选择想要添加的通知种类，比如【Play Sound】(播放声音)，添加完成后在通知的细节面板中设置要播放的声音文件即可。

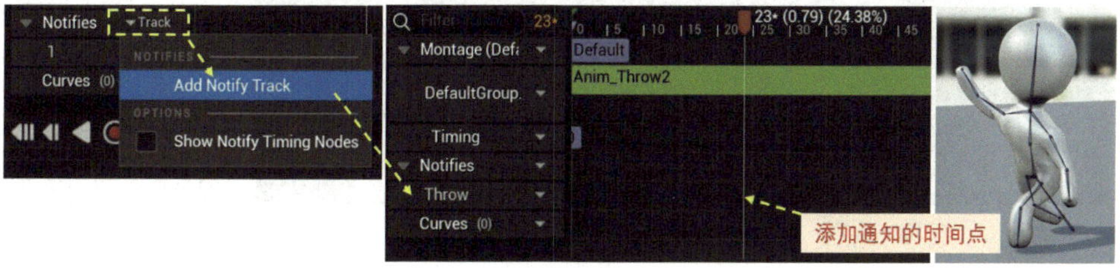

图 5-43

此外，虽然 Unreal Engine 5 自带的通知模板很多，但总会有不够用的情况。例如想要在图 5-43 所示的蒙太奇的第 23 帧处，在小白人右手处生成一个白球并向斜上方抛出，这种自定义的通知如何实现呢？这就需要我们新建一个蓝图，类型选【Anim Notify】（动画通知），给它起一个有意义的名字（此处以“AN_ThrowActor”为例，它会出现在蒙太奇添加通知的菜单中），之后打开该蓝图（图 5-44）。

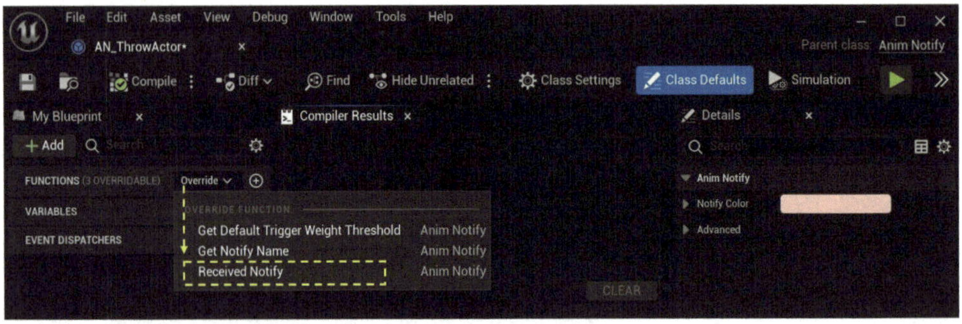

图 5-44

单击【FUNCTIONS】（函数）→【Override】（重载）→【Received Notify】（接收通知后），编辑这个通知函数作为蒙太奇收到通知后要执行的操作。整个操作可分为两部分。首先是获取抛球的位置和方向，这可以通过在人物蓝图中添加一个【Arrow】（箭头）组件、后续在通知函数中调用它来实现。

如图 5-45 所示，添加箭头时，可以暂时将人物的动画模式从动画蓝图切换为动画资产，并播放蒙太奇。通过取消勾选【Playing】（正在播放）并将【Initial Position】（初始位置）调整为 0.79 秒，可以得到与图 5-43 中完全一致的动作，此时在手部添加一个符合要求的箭头组件即可。

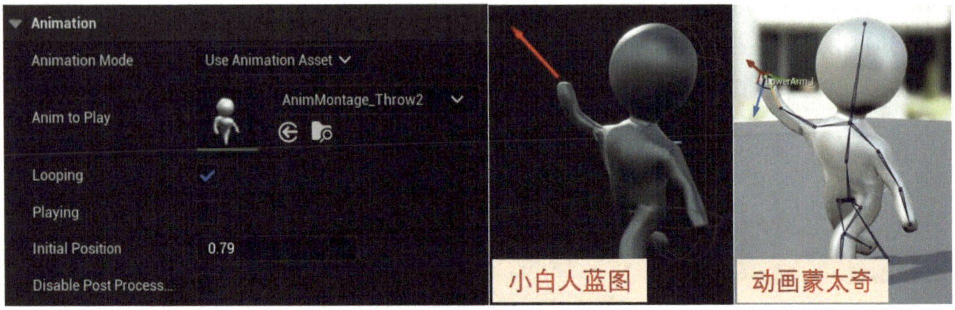

图 5-45

其次是在通知函数中获取箭头的位置，并在这一位置生成白球；之后获取箭头的方向，在这一方向上给白球施加一个适当的冲量（图 5-46）。完成后回到蒙太奇将这个通知添加到刚才的时间点即可。

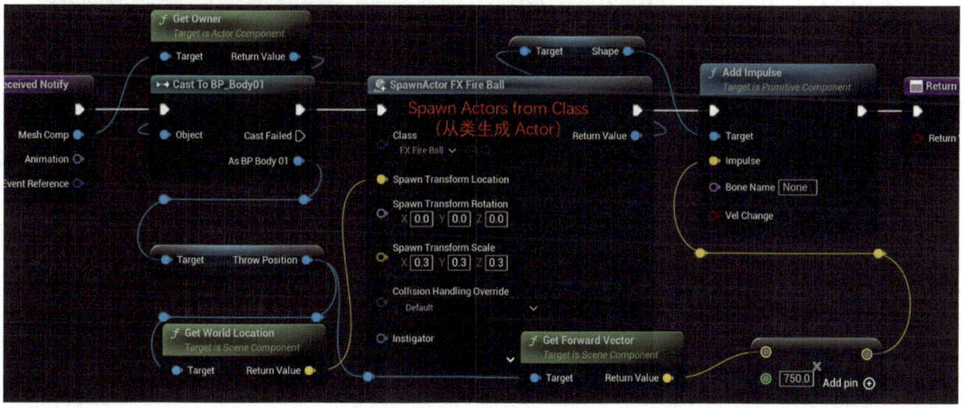

图 5-46

5.8 用控制绑定制作一段动画

动画蓝图无疑是强大的工具，但无论如何，合适的动画素材是它发挥作用的基础。我们在前几节虽然通过重定向等方法得到了一些动画素材，可这并不代表在游戏的制作过程中永远有合适的动画资产供我们使用，例如游戏中可能会设计一些非人形角色，显然这些角色就无法套用标准的 Mannequin 动画。

这时就不得不从头开始制作一段动画了。虽然这一工作通常是在其他 3D 建模软件中进行的，不过 Unreal Engine 5 也提供了【Control Rig】（控制绑定）系统，通过蓝图编写的控制器来调整所绑定骨骼的姿势，从而实现对动画的编辑。

5.8.1 创建骨骼的 FK 控制器

控制绑定和动画序列一样，也需要绑定特定骨骼，因此可以选中小白人的 Skeletal Mesh 文件，在单击鼠标右键弹出的菜单中选择【Create】（创建）→【Control Rig】（控制绑定）。如图 5-47 所示，控制绑定的编辑界面和动画蓝图很相似，主要功能有预览、设置绑定层级、编写事件图表和调节细节参数。

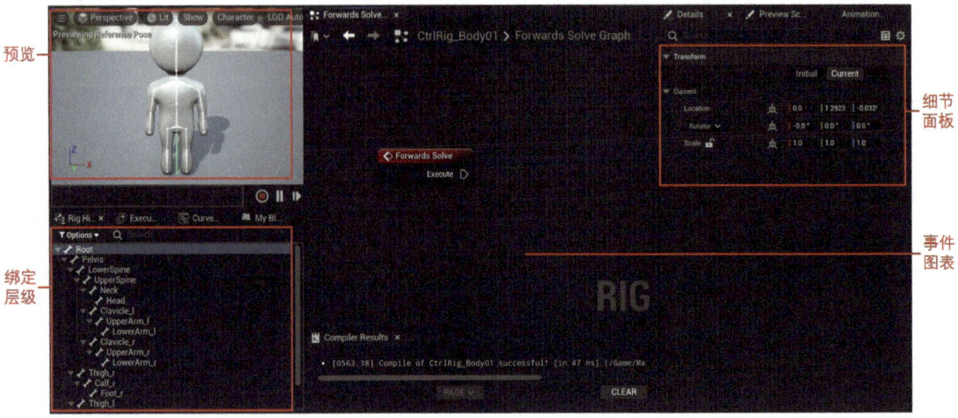

图 5-47

第一种要说明的控制系统即 FK 控制器非常直观，简单来说就是新建一具骨骼的副本，通过它们来操作原骨骼。当然有的读者朋友应该马上就会产生“那为什么不直接操作原骨骼”的疑问。原因是用副本作为控制器可以避免破坏性操作，并且在流程上更灵活。

首先需要在绑定层级中为所有要操作的骨骼建立对应的控制点，在层级下方空白处单击鼠标右键，选择【New】（新建）→【New Control】（新控制点），新控制点就会出现在层级的最下方，以不同于骨骼的图标来表示。

我们打算用这个控制点来控制盆骨【Pelvis】，因此可以考虑将其改为 Ctrl_Pelvis 这种便于理解和区分的名字。接下来，进行以下两步操作。

1. 调整控制点的位置和外观：此时的控制点是一个名副其实的“点”，如果我们对这个形状不满意，可以在控制点细节面板的【Shape】（形状）中为其任选一个其他形状，并通过【Scale】（尺寸）参数将其调整到一个令人满意的大小（图 5-48）。

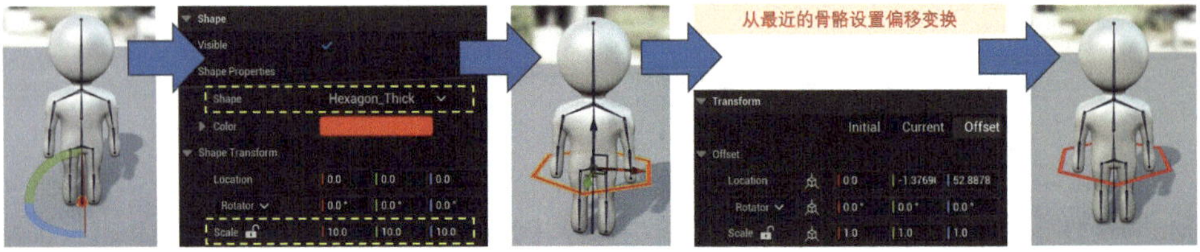

图 5-48

关于控制点的位置，可以先在预览图中将控制点移动到目标骨骼【Ctrl_Pelvis】附近，并在绑定层级里选中该控制点，单击鼠标右键，在弹出的菜单中选择【Set Offset Transform From Closest Bone】（从最近的骨骼设置偏移变换），从而将它的中心点与【Ctrl_Pelvis】的位置重合。当然如果想把控制点放在任意位置，也可以将其移动到目标骨骼附近后，在鼠标右键菜单中选择【Set Offset Transform From Current】（从当前设置偏移变换）。

用同样的办法再创建一个控制根骨骼【Ctrl_Root】的控制点。当需要调整控制点之间的层级关系时，只需将其中一个控制点例如 Ctrl_Pelvis 拖至 Ctrl_Root 上即可。由于控制点实际上就是另一具可以操作的骨骼，因此要确保其层级结构与骨骼的层级结构相一致。

2. 编写控制蓝图：目前我们得到的只是不具备任何功能的控制点，要让它和骨骼实际上建立控制关系还需要在事件图表中编写一段蓝图——核心逻辑一方面是要实时获取控制点的变换（主要是位置），另一方面是用它来设置对应骨骼的变换。调用它们的节点时只需将该控制点和对应骨骼分别拖入事件图表中并分别选择【Get Control】（获取控制点）和【Set Bone】（设置骨骼）即可（图 5-49）。

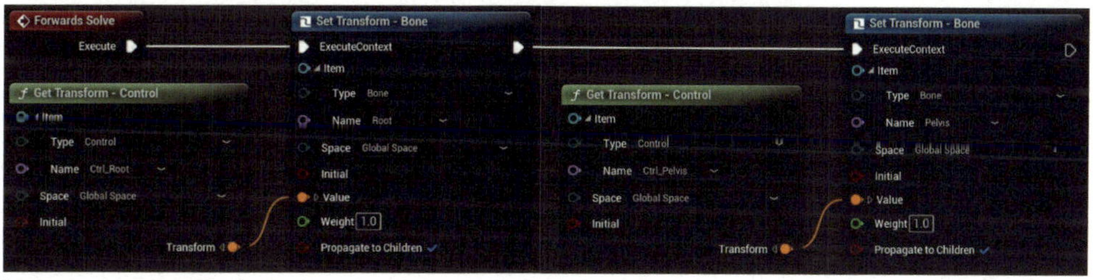

图 5-49

此时如果我们在预览图中移动或旋转控制点，骨骼便会相应地跟着动了。除了与控制点绑定的骨骼外，它的所有子骨骼也会相应跟着动。如果我们为【Ctrl_Pelvis】的下级骨骼【LowerSpine】创建一个控制点，那么移动【LowerSpine】的控制点时，它的子骨骼虽然会跟着移动，但此时作为其父骨骼（Parent bone）的【Ctrl_Pelvis】就不受影响了。像这种按照父、子层级顺序逐级传递的控制方式，一般被称作“Forward Kinematics”（FK，正向动力学）控制。例如控制盆骨移动的话，脊椎骨、颈骨以及头骨也一定会跟着一起移动。

为了确保能操作每一具骨骼，我们需重复上述两步操作，直到控制点数量与骨骼数量一致。而小白人会拥有 18 个 FK 控制点，如果全都按图 5-49 那样依次设置就要重复 18 次操作……虽然也不是不行，但有些枯燥，此时就可以考虑使用循环的写法。

依次选中所有骨骼和所有控制点（一定要确保二者层级、数量和顺序的一致），拖入事件图表，选择【Create Item Array】（创建项目数组），分别得到骨骼和控制点两个数组。至于蓝图的核心节点仍然是先用【Get Transform】获取控制点的变换，再将其赋给【Set Transform】的骨骼（图 5-50）。

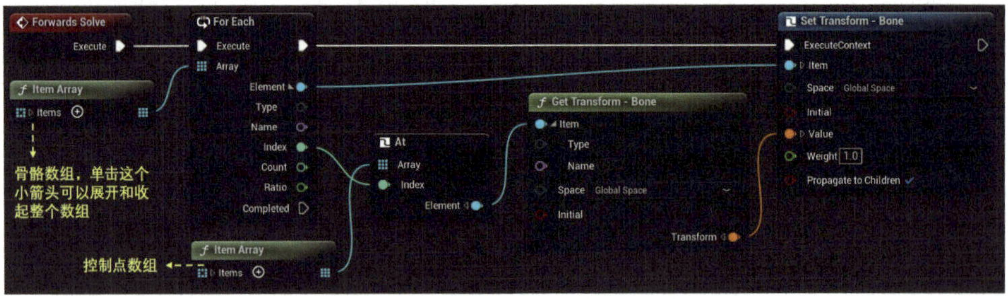

图 5-50

到此为止，整套 FK 控制器就创建完成了，后续我们可以使用它来编写动画。不过在这之前，先让我们来了解第二种控制系统——IK 控制器。

5.8.2　创建骨骼的 IK 控制器

如果说 FK 的旋转、移动是按照层级逐级向下传递的，那 IK 就是反过来的——控制移动某具子骨骼来带动与它紧密相连的父骨骼移动，正如它的名字“Inverse Kinematics”（IK，反向动力学）一样。

一个基础的 IK 控制器通常包括 4 个组成部分：执行器、初级骨骼、次级骨骼和关节。执行器与次级骨骼刚性相连，次级骨骼与初级骨骼通过关节相连（图 5-51）。

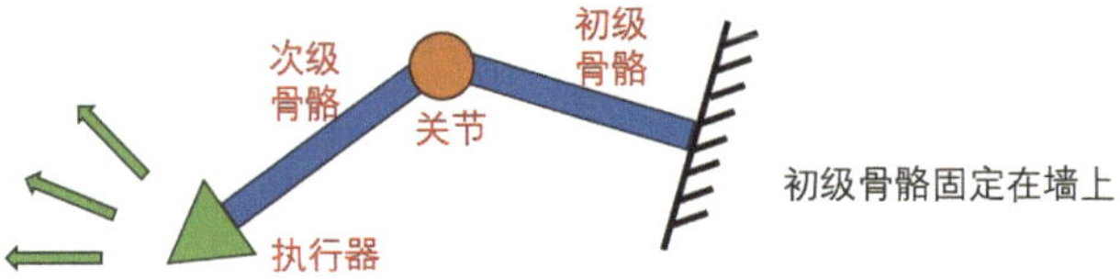

图 5-51

由于初级骨骼的一端是固定的，此时挪动执行器，次级骨骼和初级骨骼就会按照一定的模式产生连带运动。当然，特点如此显著的结构想必读者朋友们立刻就知道它是用在哪里的了——没错，人体的四肢其实就是关节（肘部和膝盖）被设置了一定限制的基础 IK 模型。

我们先以小白人的手臂为例，创建一个基础 IK 控制系统。

如图 5-52 所示，手臂 IK 控制系统中的执行器是手的骨骼，在本例中为骨骼 LowerArm_l，为了便于操作，我们还是需要像 FK 控制器那样为它建立一个控制点；次级骨骼是与执行器紧密相连的骨骼，因此是 UpperArm_l；初级骨骼是与次级骨骼相连的 Clavicle_l，这两个骨骼只是被动移动，因此不需要为它们建立控制点。最后与标准模型略有出入的部分是关节，在 Unreal Engine 的骨骼系统中并没有关节这种结构，因此我们使用一个极向量（Pole Vector）放在“关节”处，并向手肘正对的方向挪动一段距离来表示“弯曲手臂是正对着极向量发生的”。当然如果是为腿部建立 IK 控制系统，那极向量就应该放在膝盖前方。

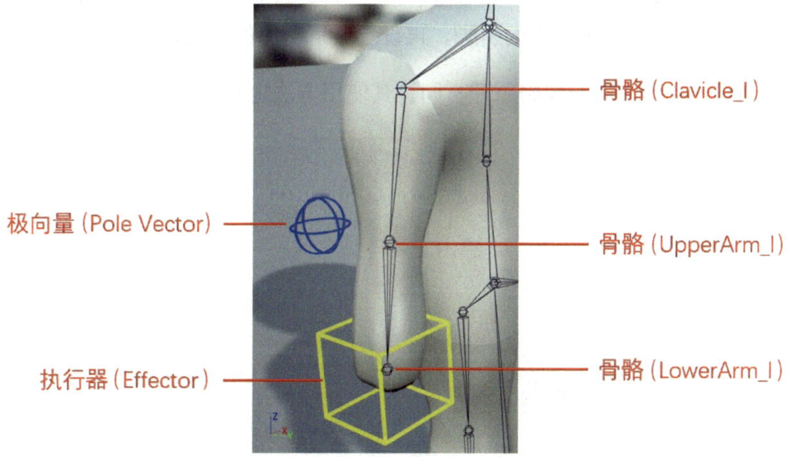

图 5-52

值得一提的是，IK 控制系统和 FK 控制系统是两个相互独立的系统，二者之间不应该有层级关系，并且执行器和极向量之间也应该是相互独立的。我们可以在层级结构下方空白处单击鼠标右键，在弹出的菜单中选择【New】→【New Null】新建两个空项，分别用来存放 FK 控制系统和 IK 控制系统（图 5-53）。

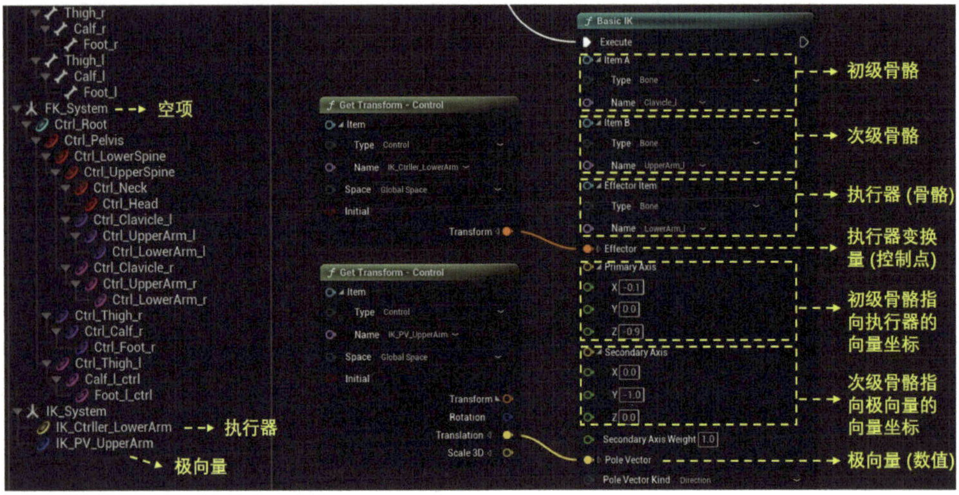

图 5-53

IK 控制系统有很多种不同的可用节点，本小节示例中我们仅以基础的【Basic IK】为例，将执行器和极向量连至相应的引脚，再设置一下对应的参数。

此外，由于 IK 和 FK 的控制原理不同，其使用方法也有所区别（图 5-54）。

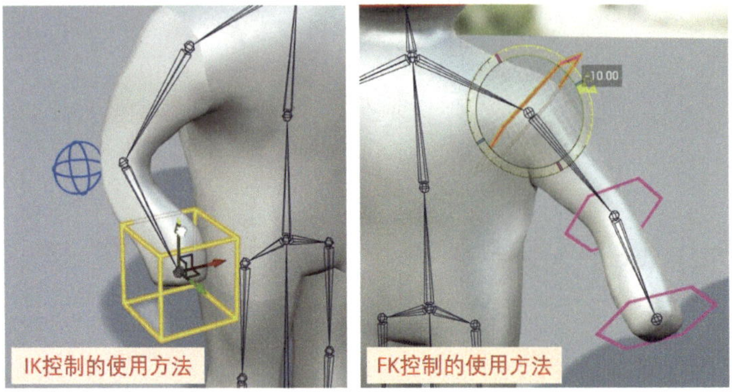

图 5-54

IK 控制系统中一般默认骨骼为刚体，因此通过改变执行器与极向量在三维空间中的位置来带动其他骨骼移动是常用的方法；而 FK 控制系统中骨骼只是生硬地传递形变数据，因此一般不使用位置移动功能，而多把改变骨骼旋转角度作为其操作手段。

至于 FK 控制系统和 IK 控制系统的兼容问题，由于二者相互独立，在不使用特殊手段的前提下，每个骨骼只能选用其中一种控制系统。常见的选择是四肢采用 IK 控制系统，躯干和头颈采用 FK 控制系统。因此在事件图表中，我们可以用【Sequence】（序列）节点把二者区分开（图 5-55），同时调整 FK 控制系统中骨骼数组与控制点数组所包含的对象。这样在使用 FK 控制器调整小白人动作时，执行器就会像锚点一样将手脚固定住，不参与形变了。之后再用 IK 的执行器调整手臂姿势时，躯干和头颈已经调整好的姿势也不会被影响。由此可看出，IK 和 FK 既相互独立，又有所关联。

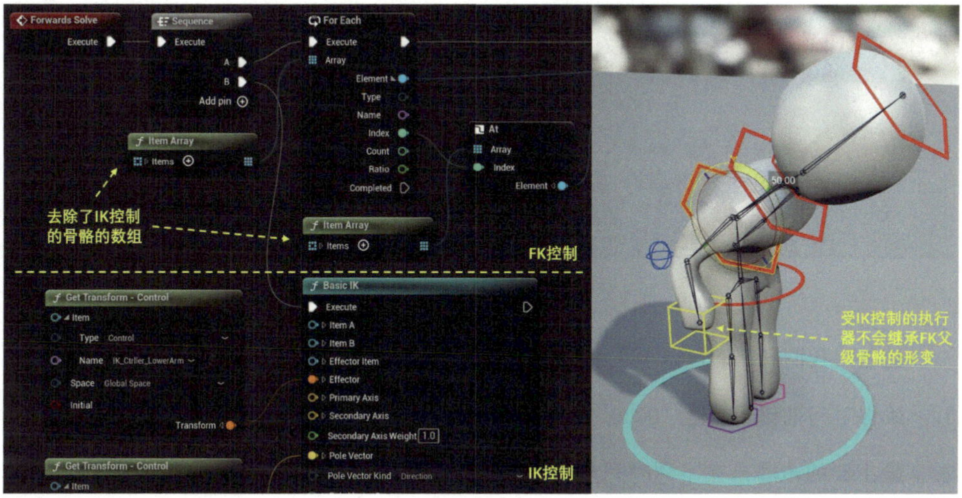

图 5-55

5.8.3 用创建好的控制绑定编辑一段动画

无论是 FK 还是 IK，创建控制绑定的最终目的都是做动画。在 Unreal Engine 5 中做动画所使用的工具是【Level Sequence】（关卡序列），我们可以在内容浏览器中单击鼠标右键，选择【Cinematics】（过场动画）→【Level Sequence】新建，或者直接在主工具栏中新建（图 5-56）。关卡序列是一个功能强大的编辑器，其编辑对象并不仅限于骨骼网格体，正如其名“关卡”一样，它几乎可以为关卡中放置的一切 Actor 做动画，包括背景音乐。

图 5-56

当然，此时此刻我们的目的只是给小白人做一段动画而已。双击打开关卡序列，可以看到关卡序列界面下方添加了一个时间轴（图 5-57）。细心的读者朋友应该会发现这个时间轴和上一章第 3 节图 4-21 中编辑 UI 动画时的时间轴几乎完全一样，没错，因为这二者本质上是同一个东西。此外，由于关卡序列只能为关卡中的 Actor 做动画，因此我们还需在关卡中放置刚刚做好的【Control Rig】（控制绑定）文件，之后系统会在时间轴左侧【+Track】（轨道）下方自动添加其为时间轴关联对象。

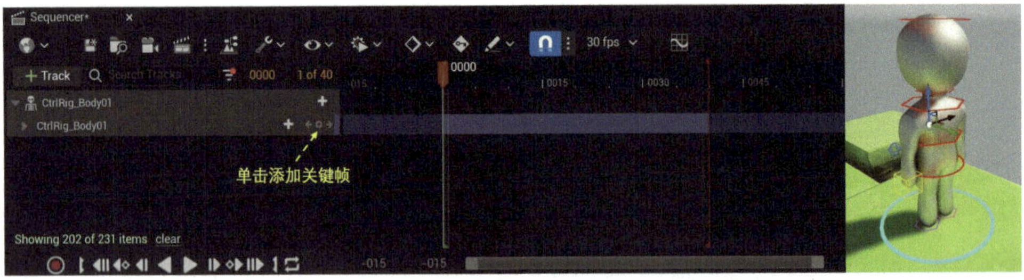

图 5-57

这之后我们只需通过以下 3 个步骤即可完成动画制作。

1. 确保时间轴起始点是“0000”，并通过拖动终止时间点设置动画时长。

2. 最主要的步骤是在不同时间点操作 FK 控制器和 IK 控制器为小白人摆出特定姿势，并添加关键帧。注意需要保证起始姿势和终止姿势完全重合。例如，在编辑完起始姿势后，先将其复制到终止时间点上，再编辑中间的姿势。

3. 姿势设置完成后，在【Track】（轨道）栏选中操作对象，单击鼠标右键，在弹出的菜单中选择【Bake Animation Sequence】（烘焙动画序列），成品动画就会被输出成动画序列文件并被保存至目标文件夹中。

第6章

添加炫目的粒子效果

“

视觉特效（Visual Special Effects，VFX 或 FX）是当游戏画面需要展现大量微小粒子的运动效果——例如水花的飞溅、烟尘的飘散时，由于这些微小粒子的真实数量多到几乎不可能用网格体建模的方式在三维空间中表现，因此被设计出来用于帮助游戏开发者欺骗玩家双眼的工具。由于这些视觉特效主要以粒子的形式展现，因此在 Unreal Engine 5 中它们又被称作粒子系统（Particle System）。

”

6.1 在关卡中使用粒子效果

粒子效果和前几章我们接触过的内容有所不同。举个例子，如果在没有任何软件基础的前提下从 Epic 官方商城购买了一个人物蓝图和一个动画蓝图，绝大多数人可能都是一脸茫然，不知道该怎样使用它们。但粒子效果不一样，它在某种程度上很像 3D 静态网格体——做好了就可以直接往关卡里“扔”，然后就能看到相应的效果。本节我们先从它的使用方法入手，以对它有一个直观的感受。

6.1.1 了解哪些是粒子效果

首先，哪些是粒子效果？由于一些历史原因，目前 Unreal Engine 5 中有两种粒子效果，一种是 Unreal Engine 4 的粒子系统 Cascade（小瀑布），一种是 Unreal Engine 5 的粒子系统 Niagara（尼亚加拉）。从名字上就能感觉出后者更强大。确实如此，Niagara 无论是操作便捷性还是效果上限都比 Cascade 更胜一筹。但这主要体现在游戏开发者的感受上，两者在粒子效果的本质上并没有太大不同。因此如果找到了合适的 Cascade 资源，当然也是可以使用的——事实上在 Unreal Engine 5 自带的新手包里，文件夹 Particles 中所包含的粒子效果就全是 Cascade。

Cascade 和 Niagara 两种资产在内容浏览器中很容易区分，无论是从标识颜色还是从类型说明上都可以看出区别。值得注意的是，作为 Niagara 组成模块的 Niagara Emitter 只是粒子系统的组成部分，不能作为粒子效果直接使用。

至于粒子效果的使用方法，最直接的就是像静态网格体一样将其放置在关卡中。或者通过在蓝图组件的搜索框中搜索“Particle”（粒子）找到两种粒子系统组件，用来加载粒子效果（图 6-1）。

那么这些粒子效果是怎么欺骗玩家眼睛的呢？尽管看上去复杂而又精致，但事实上这些火焰和烟尘都只是平面材质，如同 2D 动画一样快速循环播放着。典型的粒子系统就是通过各种参数设置来计算不同镜头角度下粒子效果的播放逻辑，从而以假乱真。

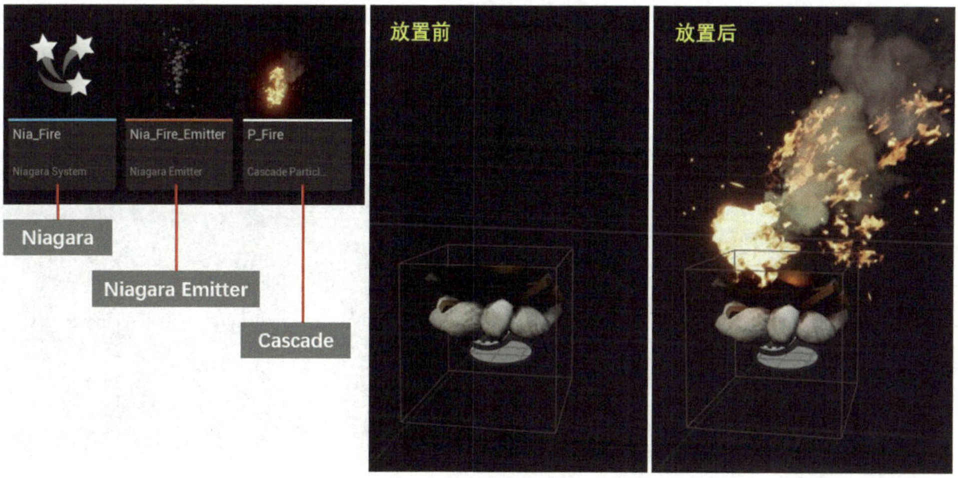

图 6-1

6.1.2 在游戏中实时生成粒子效果

除了手动放置外，很多时候游戏中也需要实时生成粒子效果。在 5.7 节讲动画蒙太奇时曾做过一个投掷的动作并扔出去了一个白球，如果想要再添加一些后续内容，比如白球撞击物体时爆炸，那就涉及用蓝图生成粒子效果了。当然，实现的方法也很简单，只需新建一个 Actor 蓝图并添加一个粒子效果组件，之后用【Spawn Actor from Class】(从类生成 Actor）在适当的地点生成该蓝图即可，比如当白球和物体发生碰撞时在碰撞位置生成蓝图（图 6-2)。

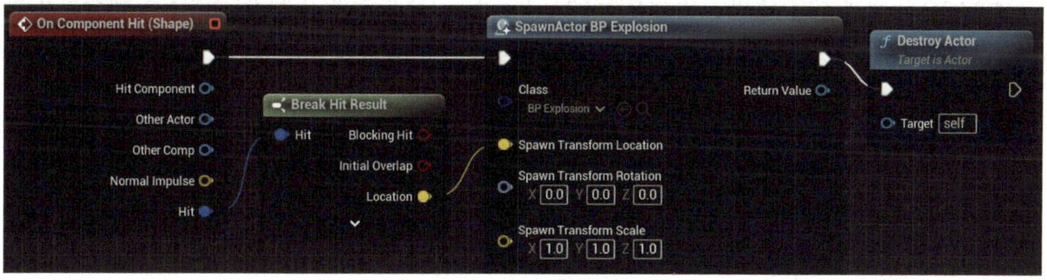

图 6-2

如果生成的粒子效果是 Cascade，还可以用【Spawn Emitter at Location】(在位置处生成发射器）来替代图 6-2 中的从类生成 Actor 节点。这样做的好处是非循环播放的粒子效果在完成播放后会自行销毁，不会继续占用系统资源，但如果是放入 Actor，就要用【Delay】

（延迟）和【Destroy Actor】（销毁 Actor）设置一个“定时器”来达到这一目的，毕竟 Actor 不会自动销毁，存在太多会占用系统资源。当生成的粒子效果是 Niagara 时，可以用【Spawn System at Location】（在位置处生成系统）来代替从类生成 Actor 节点（图 6-3）。

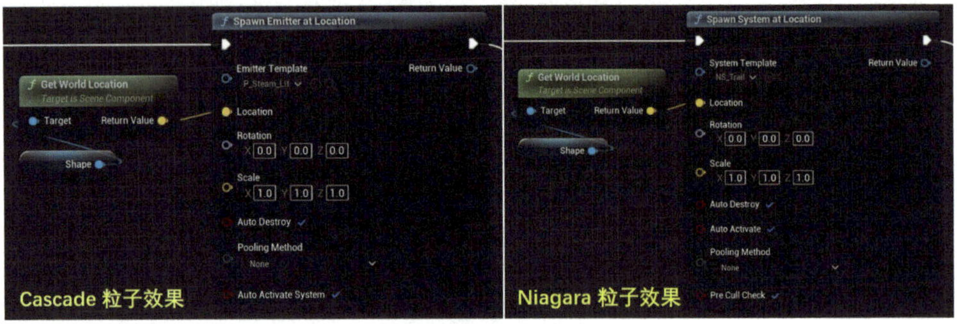

图 6-3

除了在常规蓝图中用事件和节点生成粒子效果，我们还可以在动画蒙太奇中利用通知来添加粒子效果。关于这部分可以参考 5.7 节的内容。

6.2 用 Niagara 做火焰效果

在第 3 章我们提到过，3D 网格体的制作一般是独立于游戏制作进行的，其实粒子效果也类似。一是因为这两个领域的成品高度模块化，使用起来简单方便；二是想要做出精致的 3D 模型或粒子效果，更多依赖的是艺术感，这与游戏开发者往往不太契合。但即使是从第三方获取的高质量成品，也难免会有需要修改或调整的情况，因此本节我们会从零开始构建上一节用到的火焰效果，以熟悉粒子效果编辑流程。

此外，鉴于 Cascade 已经过时，从本节开始我们会将目光聚焦在效果更好、功能更强大（也更难学）的 Niagara 身上。

6.2.1 新建一个 Niagara 资产

首先通过鼠标右键菜单新建一个【Niagara System】（Niagara 系统），此时会弹出选项询问是否调用系统自带的发射器模板，或新建一个空白系统，让我们选择【New system from selected emitters】（来自所选发射器的新系统）。然后会询问选择添加哪些发射器模板，这里只添加一个【Empty】（空白）。最后打开新建好的文件进入编辑器（图 6-4）。

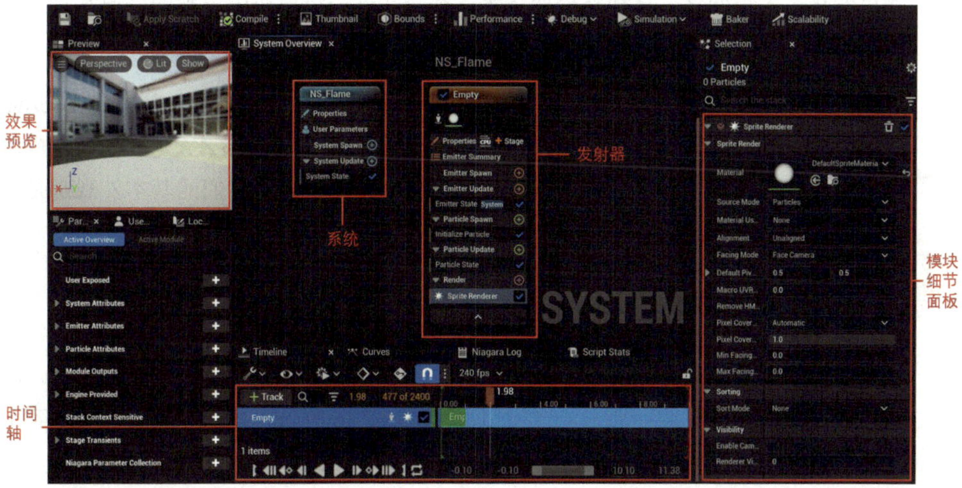

图 6-4

由于粒子效果实际上是快速播放的 2D 平面材质动画，因此时间轴是必需的，除此之外预览窗口和细节面板我们也很熟悉了。只有主窗口中的系统和发射器两个面板比较陌生。

系统面板记载了整个文件的通用设置，例如是否循环播放、循环周期是多少秒等。而发射器则是整个 Niagara 的核心，每个发射器表示一类粒子效果，而一个 Niagara 系统可以由多个发射器组成（单击鼠标右键可新建），例如图 6-1 中的火焰大致可分为“火焰”“烟”和“火星”3 个发射器，再细一点的话，火星还可以分为“四散飞溅的火星”和“向上飘散的火星”两个发射器。

决定发射器最终产生出什么样的粒子的就是发射器面板上的 5 组模块（Module），单击每组模块旁的“+”可添加新模块，所有模块按照从上至下的顺序依次运行。以下是这 5 组模块。

1. 【Emitter Spawn】（发射器生成）：发射器生成时仅执行一次的、需要传递给 CPU 的信息。
2. 【Emitter Update】（发射器更新）：在发射器生成后每帧都会执行的关于整个发射器的信息。
3. 【Particle Spawn】（粒子生成）：每个发射器会发射大量粒子，而每个粒子在生成时会有初始化信息需要确定，例如在哪儿生成、生成多大尺寸的粒子等。

4. 【Particle Update】（粒子更新）：粒子生成以后，每一帧都会持续运算各种变化，例如颜色变化、大小变化、移动路径变化等，都是在这一组模块中设置的，通常是应用最多的一组模块。

5. 【Render】（渲染）：决定粒子的渲染方式及效果。例如，默认渲染方式是【Sprite-Renderer】（光球渲染），默认材质是一个半透明的白色光球，那么无论发射器生成多少个粒子，这些粒子会有怎样的大小变化、移动路径变化，它们的基本外观都是这个光球。

6.2.2 借用翻页动画做出火焰材质

如果我们想要渲染出火焰的样子，首先就要在材质上做文章。例如图 6-1 的 Cascade 火焰就用到了翻页动画，将一张 6×6 的纹理图切割成 36 等份，按从左到右、从上到下的顺序循环播放这 36 张切割图，以产生火焰飘动的效果（图 6-5）。

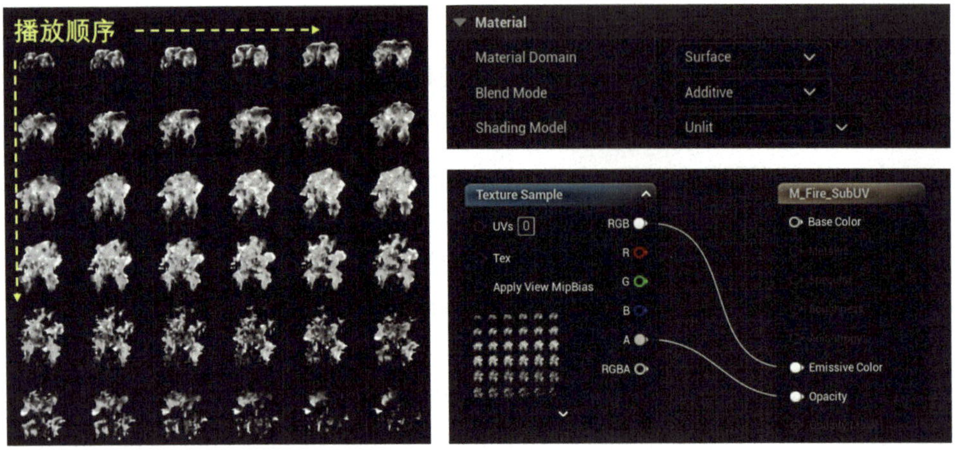

图 6-5

在文件夹 StarterContent → Textures 中可以找到这张纹理图 T_Fire_SubUV，用其创建一个混合模式（Blend Mode）为【Additive】（附加，可以理解为另一种半透明效果）、着色模型（Shading Model）为无光照的材质，并将该材质作为自发光（Emissive Color）来使用。材质创建完成后将其加载到 Niagara 的【Render】→【Sprite Renderer】→【Material】中替换默认材质。

之后我们需要通过设置材质纹理图的 UV 分割方式来正确播放翻页动画（图 6-6）。

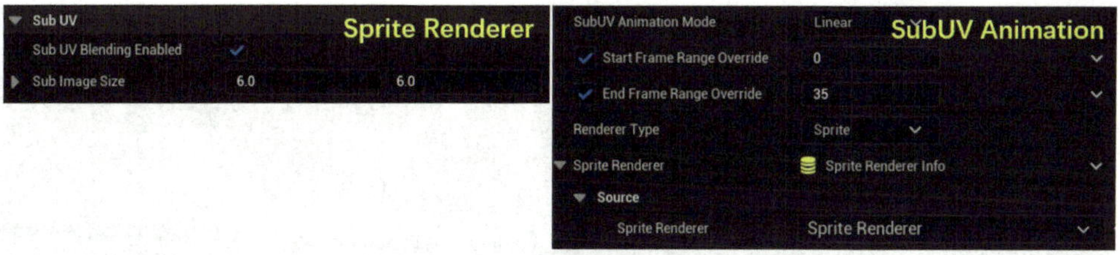

图 6-6

首先在【Sprite Renderer】中将分割尺寸 6×6 填入输入框，然后在【Particle Update】中添加一个模块【SubUV Animation】（子 UV 动画），并根据翻页总张数 36 把总帧数平均分割并编号为 0 到 35，最后设置来源为【Sprite Renderer】。

至此虽然已经完成了渲染材质的设置，但预览窗口中并没有任何粒子效果出现。这是因为我们还没有设置生成粒子的方式，现在的粒子数是 0。如果想要火焰效果只在开始时生成一次，那可以在【Emitter Update】中添加【Spawn Burst Instantaneous】（瞬间爆发生成）。在当前默认设置下，【System State】（系统状态）中的【Loop Duration】（循环周期）是 5 秒；【Initialize Particle】（初始化粒子）中粒子的【Life Time】（存在时长）也是 5 秒。因此，火焰会正好在 5 秒内播放完 36 帧动画，随后会开始循环播放动画。当然我们也可以通过调整以上参数来改变动画播放的速度。

6.2.3 给火焰添加颜色

由于所使用的纹理图是灰度图，因此火焰目前是白色的。为了让它的颜色更接近真实火焰的颜色，我们可以在【Particle Update】中添加【Color】（颜色）模块对粒子颜色进行修改。然而此处设定的颜色需要在材质中有一个接收位置，因此我们还需在火焰材质中添加一个【Particle Color】节点，将该节点的 RGB 颜色乘算到纹理图上（图 6-7）。同时，为了修改火焰材质的透明度，还需将该节点的 A（Alpha 值）乘算到【Opacity】上。此处的【Multiply】（乘算）视效果需要也可换成其他运算节点，例如【Blend_Overlay】。

这时在 Niagara 的【Color】模块中就可以设置火焰的颜色了。如果不满足于单一的颜色，还可以单击图 6-8 中的下拉箭头，选择【Random Range Linear Color】（随机范围线性颜色），设置黄色和橙红色两个颜色，让每次生成的火焰粒子都会在这两个颜色范围中随机选取一个颜色进行计算。又或者选择【Color from Curve】（用曲线设置颜色），通过单击鼠标左键在曲线板上添加颜色取样点，双击取样点设置颜色，让火焰按不同存在时长呈现不同的颜色。

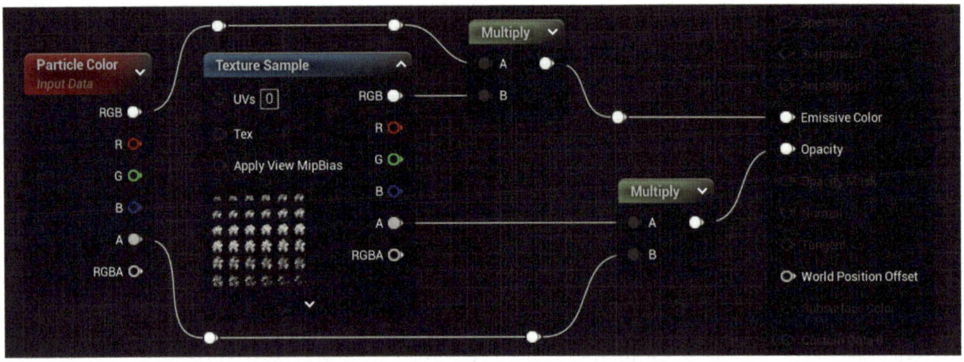

图 6-7

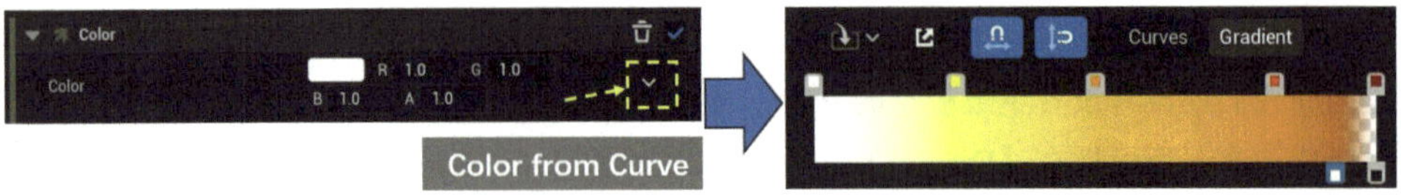

图 6-8

曲线板上部的取样点表示颜色，下部的取样点表示不透明度，所有取样点均可拖动。

6.3 设置更多模块来丰富火焰效果

我们做出了第一个 Niagara 粒子效果，遗憾的是，它的形态还很单薄，可调整的参数除了颜色之外也不怎么丰富，很难让我们的想象力得到充分发挥。因此在本节中，我们尝试添加一些新的模块，比如生成更多自由舞动的火焰粒子，以及生成四散的火星。

6.3.1 生成更多粒子

在图 6-8 中，我们做出了按不同存在时长呈现不同颜色的火焰，但如果是真实的火焰，它的颜色应该按照内层白、中层黄、外层橙红来区分。解决这一问题的方法也很简单，我们可以让发射器不停地生成粒子，随着粒子到达存在时长的最大值消散，整个“粒子团”的中央新生粒子密度最高，因此会呈现白色，外层则会呈现橙红色。

这就需要将粒子的生成方式从一次性释放改为持续释放，因此我们删掉【Spawn Burst Instantaneous】（瞬间爆发生成）模块，添加【Spawn Rate】（生成速率），并将其调整为合适的数值，例如 30。这样就得到了一个比之前“厚重”很多的粒子效果（图 6-9）。顺带一提，为了更清晰地展示效果，笔者在【Window】（窗口）→【Preview Scene Settings】（预览场景设置）→【Environment】（环境）中取消了【Show Environment】（显示环境）的勾选，并将【Environment Color】（环境颜色）调整成了深灰色。

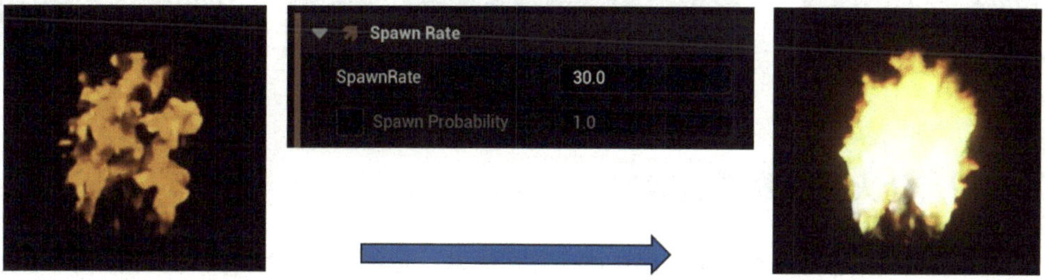

图 6-9

当然随之而来的问题是：这样的火焰像固定住了一样一动不动。而这主要是因为当前所有粒子的存在时长、大小都完全一样，粒子间是重叠的。下面调整几个参数：将模块【Initialize Particle】（初始化粒子）中的【Lifetime Mode】（存在时长模式）从【Direct Set】（直接设置）改成【Random】（随机），并将存在时长的最小值和最大值分别设为 0.3 秒和 1 秒；然后在同一模块内把【Sprite Size Mode】（光球大小模式）从【Unset】（未设置）改为【Random Uniform】（随机规则的）或【Random Non-Uniform】（随机不规则的），并设置随机范围。这下终于能感觉到火焰开始“动”起来了（图 6-10）。

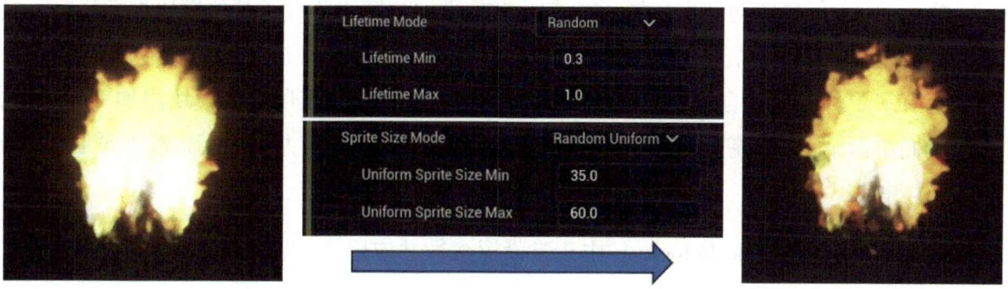

图 6-10

此外还有一个小问题，那就是现在的火焰不是内白外黄，其实更倾向于下白上黄。这主要是因为粒子大小虽然有差别，但这个差别在整个存在时长内是均匀的。因此我们还可以增加一个【Scale Sprite Size】（调整光球大小）模块，将其中的调整模式设置成【Uniform Curve】（规则的曲线），并在时间轴上放置几个取样点，将粒子设置成“前期小、后期大”的样式（图 6-11）。

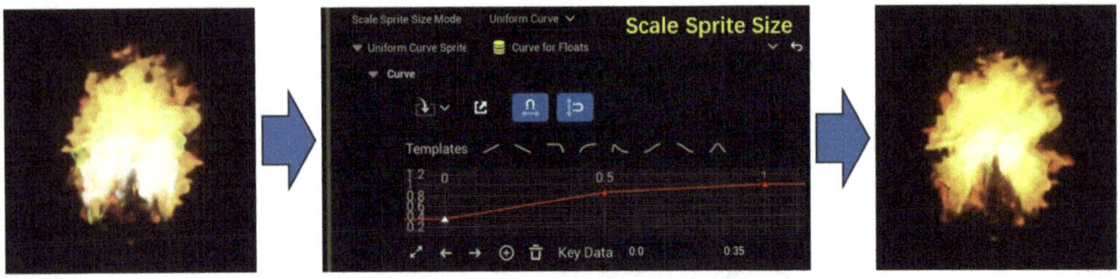

图 6-11

6.3.2　让火焰飞舞得更猛烈

火焰的层次感已经形成了，现在该让它“飘舞”起来了。用 Niagara 能听懂的话来说就是给粒子增加各个方向上的速率，把它们吹起来。最适合做这件事的模块是【Particle Spawn】→【Add Velocity】（增加速度），但当我们将其添加到发射器中时，细节面板中出现了如下一则警告（图 6-12）。

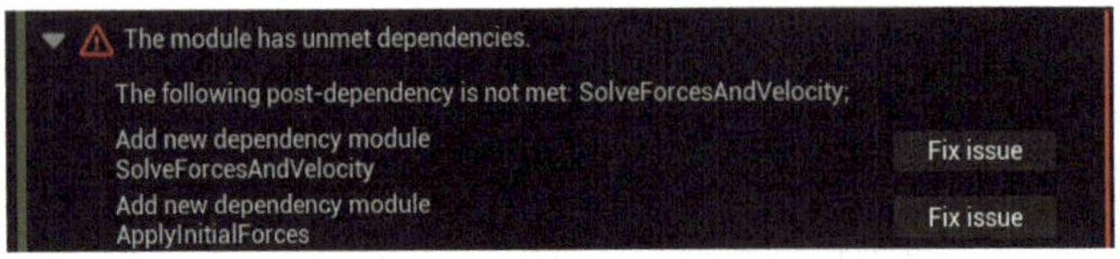

图 6-12

这是 Niagara 经常会弹出的提示，表示当前添加的模块依赖于其他模块进行运算，需要将其他模块一起添加，否则无法生效。提示中出现多少个【Fix issue】（修复问题）按钮，就表示有多少种模块组合方案。单击对应的按钮，便可自动将所需的模块添加至发射器。这里我们单击第一个按钮，将【SolveForcesAndVelocity】（解决力和速度）添加到【Particle Update】中。

之后就可以在【Add Velocity】中正常设置参数并应用于火焰了（图 6-13）。

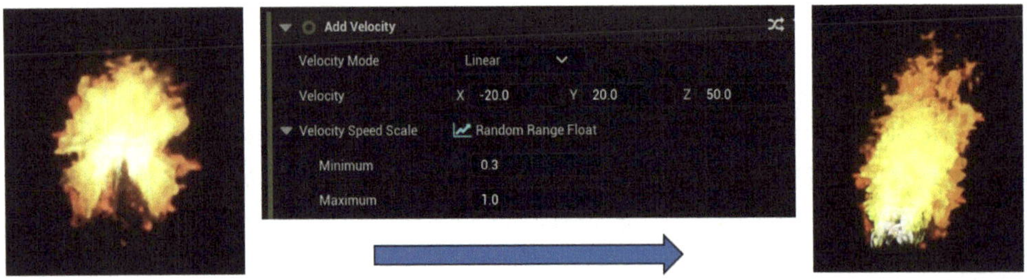

图 6-13

我们还可以设置多个【Add Velocity】，比如刚才我们添加的是一个线性速度，在此之上再添加一个锥形速度的话，火焰的形态又会发生明显的变化（图 6-14）。

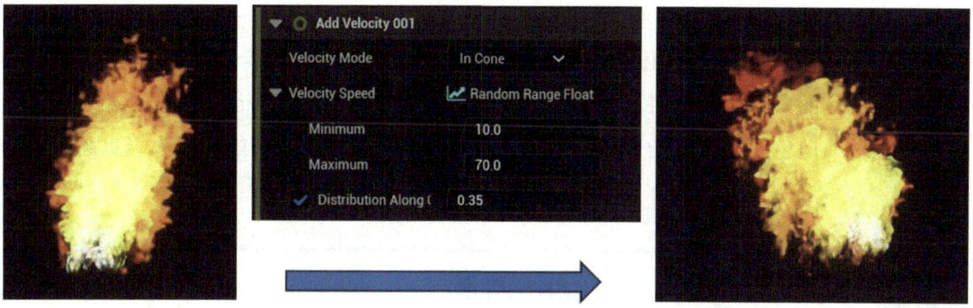

图 6-14

还可以添加一个噪声场来扭曲力对粒子的作用。使用 Niagara 中最常用的噪声场模块【Particle Update】→【Curl Noise Force】（卷曲噪声力）让火焰飞舞得更猛烈（图 6-15）。

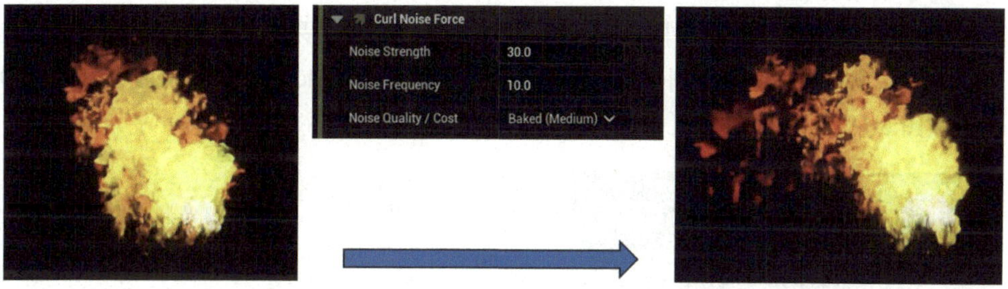

图 6-15

最后，如果将粒子放置在关卡中后觉得它不够“亮”的话，可以在其相应粒子材质（图 6-7）的自发光引脚（Emissive Color）前乘上一个强度系数，例如 10，强制增加其亮度。

6.3.3 添加烟雾发射器

到此为止火焰发射器的创建就完成了。烟雾发射器和火焰发射器的模块组成基本相同，因此我们只需将火焰发射器复制粘贴，再改一下名字即可完成添加烟雾发射器的第一步。

然后需要将粒子材质替换为烟雾的材质，烟雾纹理图是位于 StarterContent → Textures 文件夹中的 T_Smoke_SubUV，和火焰一样，我们需要将其做成半透明的材质。稍有区别的是，火焰是自发光的，但烟雾不是，因此它的【Shading Mode】（着色模式）应该为【Default Lit】（默认光照）。

此外，烟雾纹理图是 8×8 的分割图，因此【Sprite Renderer】→【Sub UV】和【SubUV Animation】中的设置都需要相应地进行更改。之后就可以根据烟雾与火焰的差别尝试调整本节中所用到的所有参数，将其调整至自己满意的程度即可。例如颜色，显然烟雾的颜色应该是黑色或白色而不应该是火焰的金黄色，同时烟雾的透明度可能会比火焰更高一些。

6.4 用 Niagara 做落叶效果

实际上 Niagara 除了可以制作火焰这种发光粒子外，还可以制作几乎任何跟“粒子”概念相关的效果，例如下雨、下雪，以及从树上飘落的花瓣或叶片。

为了讲解方便，在上一节制作火焰效果时我们选择了空白模板，但在日常使用 Niagara 时，还是建议在模板中选择一个（或几个）和最终效果最接近的模板来快速搭建一个雏形。例如当我们想要制作落叶效果时，就可以选择【Blowing Particles】（风吹粒子）模板（图 6-16）。

Templates
Parent Emitters
Behavior Examples
Search
Engine Provided
Blowing Particles
风吹粒子
A template which emulates blowing leaves or other flat particle shapes such as paper. Utilizes aerodynamic drag and wind turbulence for a natural, organic look.
Confetti Burst
A template which utilizes aerodynamic drag to emulate the tumbling, organic motion of a burst of lightweight flat particles such as confetti, paper, or leaves.
被大风吹散的粒子

图 6-16

从右上图中可以看出，哪怕什么都不改就这么将模板放在关卡中，也能感觉到一些“落叶”的韵味了。

6.4.1 区别使用 CPU 模拟和 GPU 模拟

打开新建的 Niagara，可以发现发射器上又多了一些陌生的模块。除了模块上的差别，风吹粒子发射器默认采用了 GPU 模拟计算，而火焰粒子发射器所使用的空白模板采用的是 CPU 模拟计算。这在发射器第一栏【Properties】（属性）中可以看出。同时

【Calculate Bounds Mode】（计算边界模式）也由动态变为了固定的（图 6-17）。

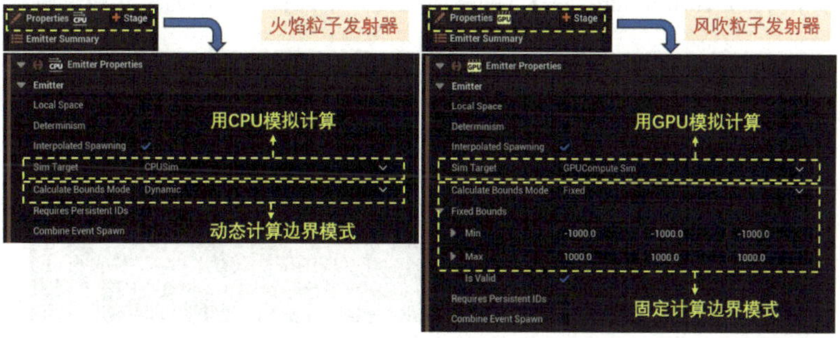
火焰粒子发射器
用CPU模拟计算
动态计算边界模式
风吹粒子发射器
用GPU模拟计算
固定计算边界模式

图 6-17

GPU 模拟是使用图形处理器来计算粒子效果，它相比于 CPU 模拟的最大优点在于可以高效运算需要巨量粒子的效果，对于下雨或下雪这种面积大、粒子数量超常多的效果非常合适。当然它也有一些缺点，例如由于其高度依赖摄像机镜头，当粒子从障碍物背后通过时，就可能出现凭空消失的问题。图 6-17 中设置的计算边界模式也是 GPU 模拟所需要的，在超出边界范围后，粒子会直接消失，而 CPU 模拟并不受此限制，它采用的是动态边界，粒子飞到哪里算哪里。在具体游戏制作中应该视需要对 CPU 模拟和 GPU 模拟进行灵活选择。

6.4.2 启用网格体渲染器

在【Renderer】（渲染器）的选择上，发射器默认使用了【Sprite Renderer】（光球渲染器），对于雨雪这种简单的小粒子来说确实很合适，但树叶体积较大，用材质来渲染可能会突出树叶的纸片感从而显得很假。为了表现出立体感，使用【Mesh Renderer】（网格体渲染器）会更合适。

切换后会出现一则警告信息（图 6-18），提示【Collision】模块所使用的碰撞类型和网格体材质有冲突。这里可以单击【Fix issue】（修复问题）让系统自动处理冲突，也可以在【Collision】（碰撞）模块的【Collision Mode】（碰撞模式）中把【GPU Collision Type】（GPU 碰撞类型）改为【GPU Distance Field】（GPU 距离场）。

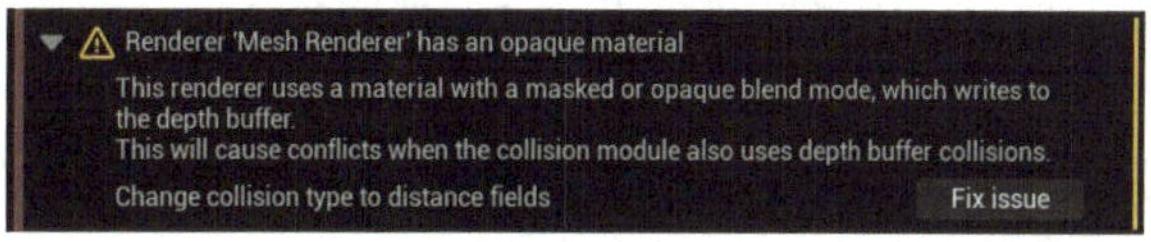
Renderer 'Mesh Renderer' has an opaque material
This renderer uses a material with a masked or opaque blend mode, which writes to the depth buffer.
This will cause conflicts when the collision module also uses depth buffer collisions.
Change collision type to distance fields
Fix issue

图 6-18

之后我们需要在网格体渲染器中导入准备好的网格体，以及在【Initialize Particle】（初始化粒子）模块的【Mesh Attributes】（网格体属性）中设置网格体的尺寸和来源（图 6-19）。

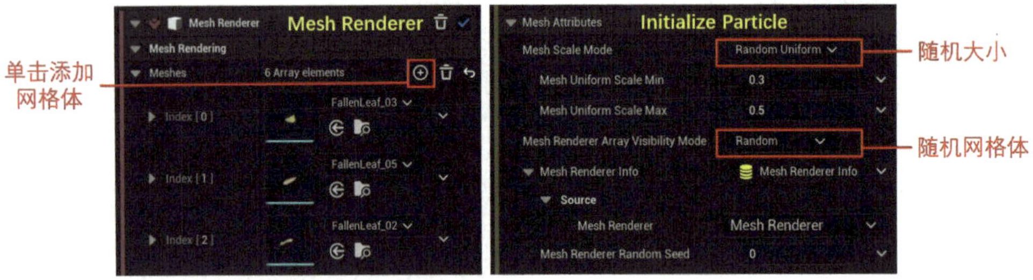

图 6-19

6.4.3　调整参数让落叶飘落得更真实

最后剩下的工作就是调整各个模块的参数了，比如增加粒子的数量、让风吹慢一点等。作为参考，这里将对调整过的参数和最终效果进行展示（图 6-20）。

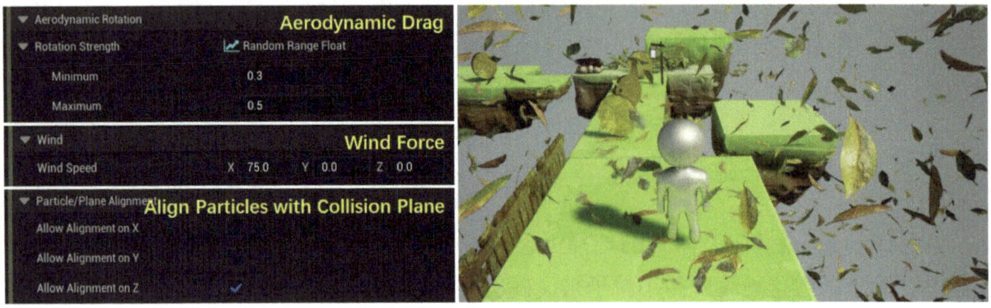

图 6-20

6.5　在扔出去的白球身后添加拖尾效果

除了光球和网格体渲染器，还有一种丝带渲染器（Ribbon Renderer）也有较高的使用频率。我们把上一节设计的落叶效果改一下：把网格体渲染器换成丝带渲染器，在保持其他模块和参数不变的前提下将【Spawn Rate】调整为 3 这种很小的数值，最后在【Initialize Particle】→【Ribbon Attributes】（丝带属性）中把丝带宽度调整成 10。这样就可以看到一个连续的丝带效果（图 6-21a）。

可以看到丝带渲染器的本质是用可以设置材质的丝带将生成的粒子串联起来。因此所有粒子的存在时长应保持一致，否则可能会出现丝带中的粒子突然消失导致重连的问题。此外，粒子在生成瞬间就会同时生成丝带，因此粒子的生成频率需要很高才能使丝带尽量平滑。

新建一个空白发射器，将【Spawn Rate】替换成【Spawn Per Frame】（每帧生成），并设定【Spawn Count】（生成数）为 1。如果再添加一个重力模块，就能看到顺滑的丝带效果了（图 6-21b）。

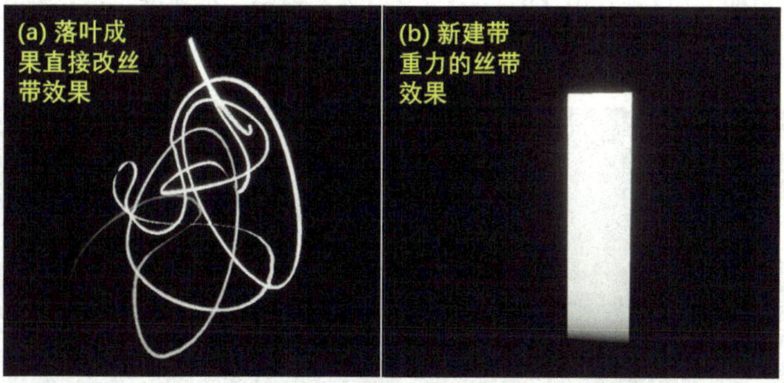

图 6-21

6.5.1　把丝带绑定在白球身后

我们先把丝带绑定到白球上。这个操作既可以在蓝图组件中直接添加，又可以在事件图表中编写一个事件使其在游戏运行时添加（图 6-22）。

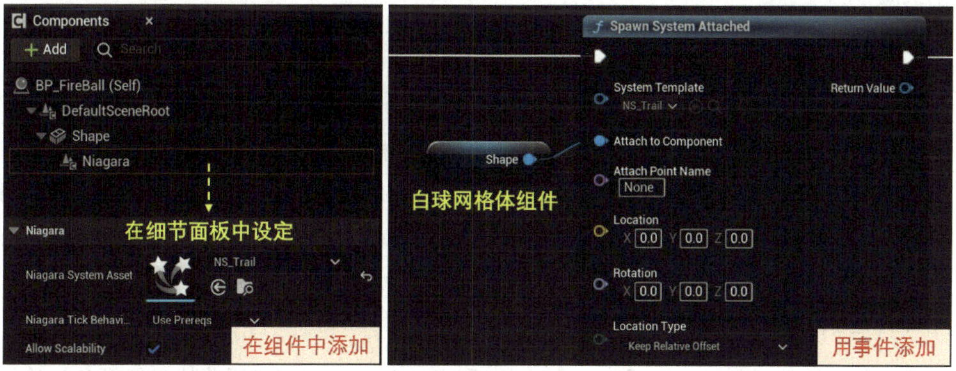

图 6-22

这样丝带的原点就会和白球的原点绑定在一起，当白球飞出去时，固定在白球上的丝带也会跟着飞出去，它后面的拖尾就是我们想要的效果。

6.5.2　编辑拖尾的材质

一个好看的粒子效果，材质要占一半功劳，这一点在前两节的示例中已可见一斑。拖尾也不例外，为了让它有“快速飞行”“不规则”的感觉，我们把 StarterContent → Textures 文件夹中的万能噪声图 T_Perlin_Noise_M 用【Texture Coordinate】（纹理图坐标）节点沿着 *U* 轴“拉伸”，再给它用【Panner】（平移器）设定一个速度，让它沿着 *U* 轴动起来（图 6-23）。

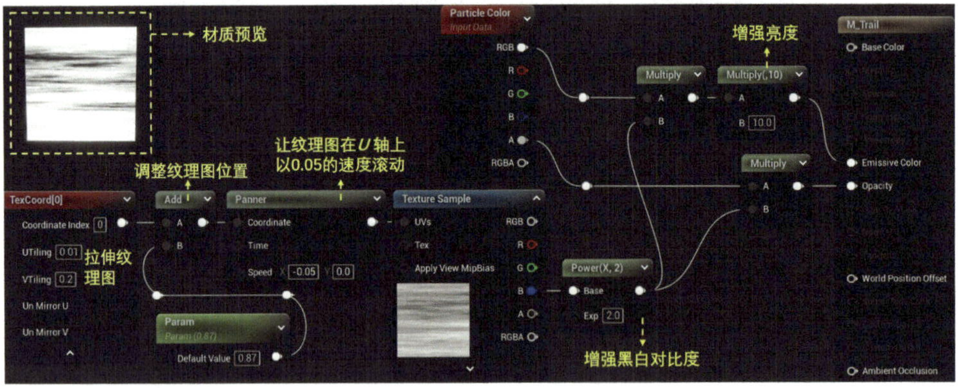

图 6-23

将材质混合模式设置为半透明（Translucent）。材质颜色和火焰粒子一样，在 Niagara 中设置。

6.5.3　调整拖尾的粒子效果参数

在图 6-21b 的原有基础上首先删掉不需要的重力模块，然后再调整拖尾的形状。考虑到扔出去的是球体，可以在【Ribbon Renderer】中把【Ribbon Shape】（丝带形状）从【Plane】（平面）改成【Tube】（管状）；之后在【Particle Update】中添加【Scale Ribbon Width】（调节丝带宽度）模块，并在下拉菜单中选择【Float from Curve】（用曲线设置小数），将管状丝带的宽度调整成近似锥形的宽度（图 6-24a）。

再像火焰粒子一样，在【Color】中用【Color from Curve】（用曲线设置颜色）给拖尾粒子设置颜色曲线（图 6-24b）。最后用粒子的存在时长调整拖尾长度，就可以看到最终完成效果了（图 6-24c）。

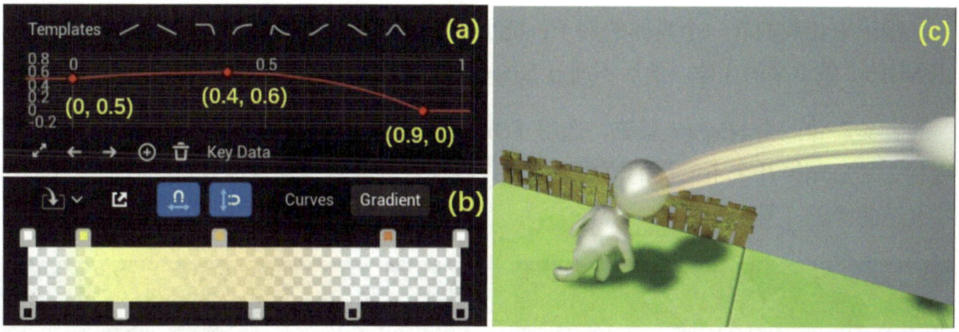

图 6-24

6.6 通过设置用户参数灵活控制粒子效果

虽说粒子效果都是在 Niagara 中编辑好后直接拿来使用的，但其实它们并没有跟 Unreal Engine 的其他系统脱节。我们在前几节所使用的模块中的绝大多数参数，可以在下拉菜单中通过【Read from new User parameter】提升为用户参数，这样就可以在外部蓝图中对其进行设置（图 6-25）。

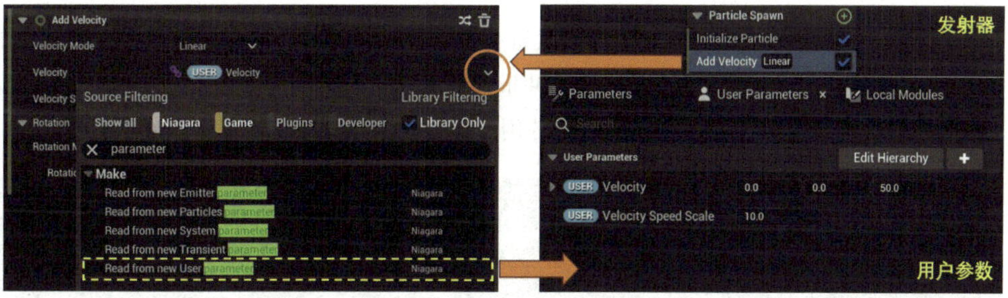

图 6-25

例如我们在【Add Velocity】（增加速度）模块中把【Velocity】（速度）和【Velocity Speed Scale】（速度调整比例）提升为用户参数，就可以在 Niagara 编辑器之外的蓝图中控制粒子的速度了。

6.6.1　调整扔出去的光球的方向和速度

接下来让我们看一个具体的例子：把小白人扔出去的具有物理碰撞的白球换成完全由 Niagara 做出来的光球，然后不通过 Niagara 编辑器调整这个光球的速度以及其他参数。

首先新建一个 Niagara 系统，选用【Directional Burst】（定向迸发）作为基础发射器模板，之后删掉几个不需要的模块，并将一些模块的参数稍加修改以得到我们想要的单一光球的样子（图 6-26）。

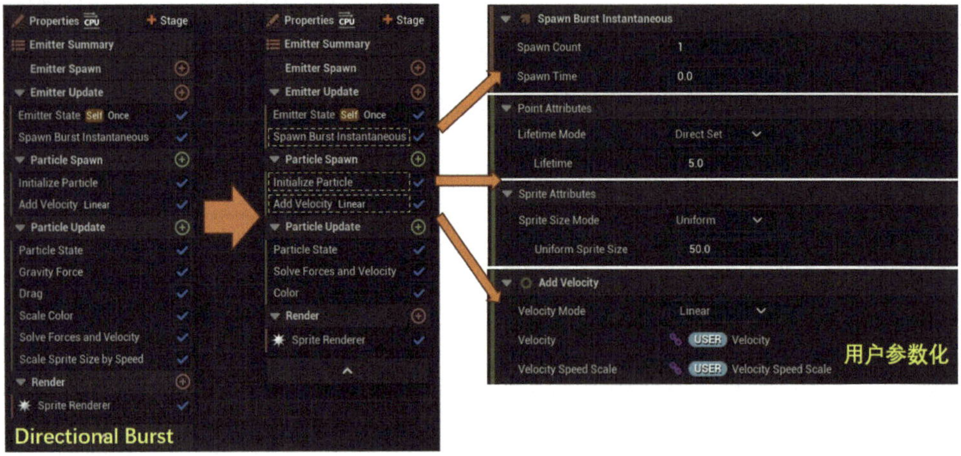

图 6-26

接下来前往编写“扔球”逻辑的蒙太奇自定义通知蓝图（详情请回顾 5.7.3 小节的内容）中，把生成白球 Actor 并赋予其初始冲量的节点删去，替换为生成刚刚新建的 Niagara 系统的节点，并通过设定该 Niagara 系统的用户参数赋予光球初始速度（图 6-27）。

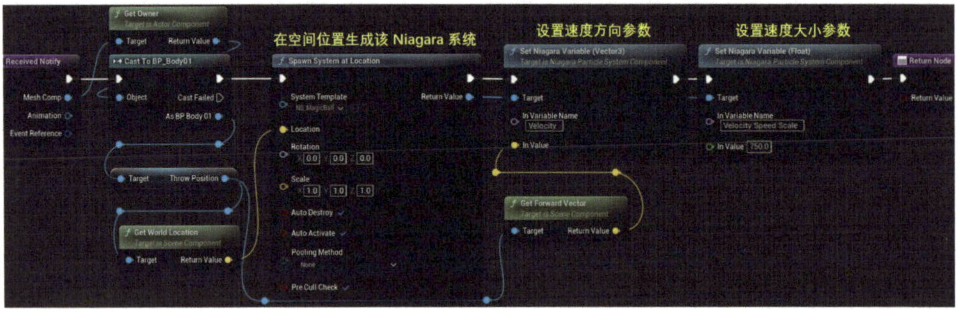

图 6-27

值得注意的是，虽然设置参数所使用的节点都是【Set Niagara Variable】（设置 Niagara 参数），但针对不同的参数类型，所使用的节点是不同的（例如 Vector3 表示三维向量）。设置完成后，在游戏中小白人所扔出的物体就会从之前做抛物运动、带拖尾的白球变成向斜上方飞去的光球了。

6.6.2 给扔出的光球设置一个追踪对象

现在的光球从小白人手中飞出后，会一直笔直地飞下去，这作为一个人物技能而言显然不太实用。接下来我们给光球设置一个追踪对象，让光球飞出后像追踪导弹一样朝着目标飞去。

我们选择【Spring Force】（弹力）模块来实现这一效果。在弹力模块的参数中，【Particle Equilibrium Position】（粒子平衡位置）是指粒子像弹簧一样弹来弹去围绕着的中心点，最适合用作追踪目标的定位点，因此将其提升为用户参数（图 6-28）。此外，其他参数包括【弹力大小】（Force Strength）、【弹簧的松紧度】（Spring Tightness）、【阻尼系数】（Dampening Coefficient）等，都是用来模拟弹簧效果的重要参数，读者朋友可以逐一对它们进行尝试。这里不但可以使用单一数值，还可以用前几节提到过的随机数范围、曲线设置等方法实现更多样化的效果。

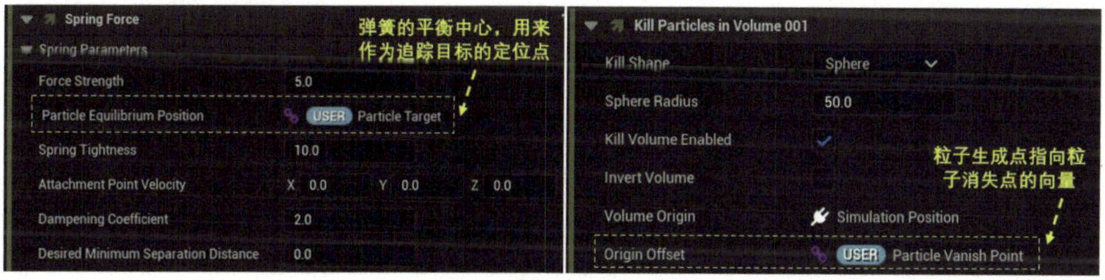

图 6-28

然而我们的最终目的并不是让扔出去的光球像弹簧一样弹来弹去，而是到达弹簧中心点后消失，因此还需要另一个模块——【Kill Particles in Volume】（在体积中消除粒子）。之所以选用一个具备一定直径范围的体积而不是一个点，是因为这样可以确保消除与目标定位点有偏差的所有粒子。参数【Origin Offset】（原点偏离值）是指粒子消失点距离粒子生成点的偏离值，也就是弹力模块中追踪目标定位点向量减去粒子生成点向量后得到的坐标，同样需要将该参数提升为用户参数。

综合以上两个模块的内容，我们就可以得到在蓝图中需要完成的参数设置工作（图 6-29）。

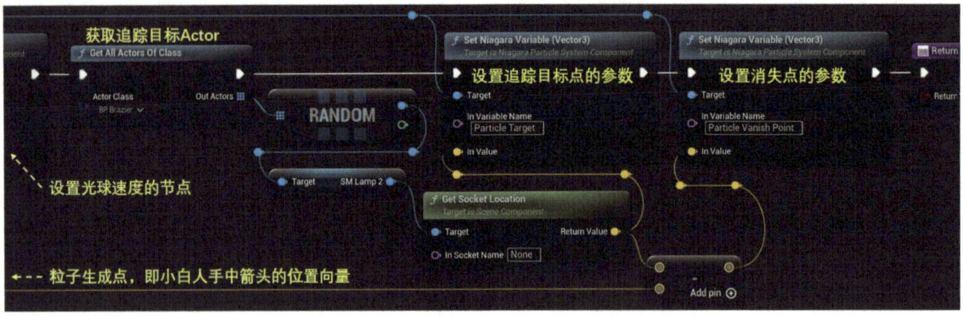

图 6-29

当然，这些也只不过是这一粒子效果的核心功能部分，想要成为一个成熟的 Niagara 效果，它还需要具备华丽的外表。请读者朋友用从本章前几节学到的内容大胆发挥想象力去尝试完善该粒子效果吧！

第 7 章

设置 NPC 的行动逻辑

大多数 3D 游戏中 90% 以上的内容是直接受玩家操控的，例如控制摄像机转动、控制角色在场景中移动、与 UI 交互等。剩下的不到 10% 则是不受玩家控制的、按照事先编辑好的逻辑自发行动的对象，例如单人角色扮演游戏中的敌人和队友这类 NPC（Non-Player Character，非玩家角色）。与由“Player”（玩家）所控制的主角相对，在 Unreal Engine 中我们把这些 NPC 称为由“人工智能”（后文称 AI）操控的角色。

在本章中，我们就来了解如何用 Unreal Engine 5 简单实现游戏中的 AI。

7.1 制作一个跟随主角的 AI 机械球

一说起 AI，想必有不少读者朋友立刻就会想到各种生成式人工智能大模型。Unreal Engine 中的 AI 虽然也是 Artificial Intelligence（人工智能）的缩写，但截至 Unreal Engine 5.3 版本，它仍然以传统的机械式逻辑为主，至于生成式大模型在游戏制作中的应用尚处于摸索阶段，并不具备使用条件。

让我们从最简单的 AI 开始，看看它们究竟能做些什么吧。首先来做一个跟着小白人飞的机械球。

7.1.1 在主角身边生成机械球

首先我们希望的“跟随”绝不是像用胶水粘着那样，完全复制小白人的旋转和位移，毕竟想要这种效果的话，在小白人蓝图组件里添加相关组件就行了，根本不需要用到 AI。这里的“跟随”，指的是 AI 机械球（后称“机械球”）有自己的判断：什么时候动、朝哪儿动、沿着什么路径走等。因此机械球首先需要和小白人一样，是一个自带运动组件的 Character 类型蓝图。

同时机械球是飞着的，或者说是飘着的。考虑到飞行 AI 做起来比较麻烦，我们把球形网格体添加到胶囊体碰撞组件的顶部，使机械球看上去有飘在空中的效果（图 7-1）。

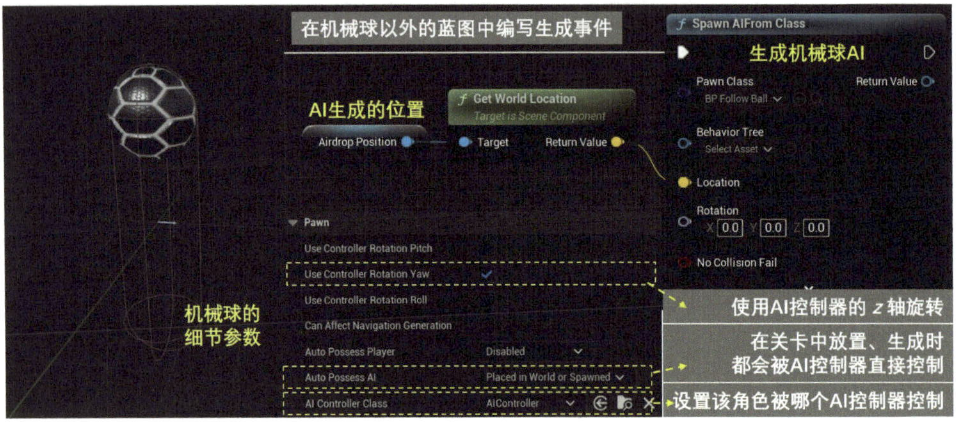

图 7-1

之后在小白人身旁添加一个箭头组件用来标示机械球生成的位置，再用【Spawn AI-

From Class】（从类生成 AI）将机械球生成到关卡场景中。Unreal Engine 5 中每个 AI 都是由【AI Controller】（AI 控制器）操控的，因此 Pawn 类型蓝图和 Character 类型蓝图中都有【AI Controller Class】（AI 控制器类）这个属性。我们可以新建一个 AI 控制器类的蓝图（图 7-2），并把它应用到机械球上。

图 7-2

即使不对新建的 AI 控制器做任何操作，仍然可以看到它的组件中已经存在很多基础组件，例如寻找路径所需要的【Path Following】（路径跟踪）组件。此外，由于机械球不是被直接放置在关卡中而是由玩家生成的，因此需要在图 7-1 中机械球的【Pawn】参数一栏将【Auto Possess AI】（自动控制 AI）设为【Placed in World or Spawned】（已放置在场景中或已生成）。

7.1.2 设置 AI 机械球的跟随路径

接下来我们在机械球的蓝图中编写它的跟随事件，并用【Event BeginPlay】调用该事件（图 7-3）。

图 7-3

控制机械球单位移动的节点是【AI MoveTo】（AI 移动到），我们通过延迟 0.5 秒循环调用自身事件的方法来实现连续移动。这样每 0.5 秒机械球就会获取一次玩家角色（Player Character）的位置并向其移动，由于玩家角色所在位置被占据着，且该角色（此处为小白人）拥有一定的碰撞体积，机械球永远无法到达这个“点”，因此我们还需要用

【Acceptance Radius】（接受半径）将目标点变成一个目标区域，无论是否到达，0.5 秒后机械球都会进行下一次判断和移动。

当然，我们很快就会发现仅仅这样并不足以让机械球动起来，因为只靠静态网格体的碰撞来计算行走路径对于 AI 来说太复杂。我们需要额外给它铺设一个可以走的“路面”范围。

在【Place Actors】中找到【Nav Mesh Bounds Volume】（导航网格体边界体积）并拖入关卡中，按【P】键可以查看被边界体积覆盖的静态网格体表面生成的深绿色“路面”（图 7-4）。

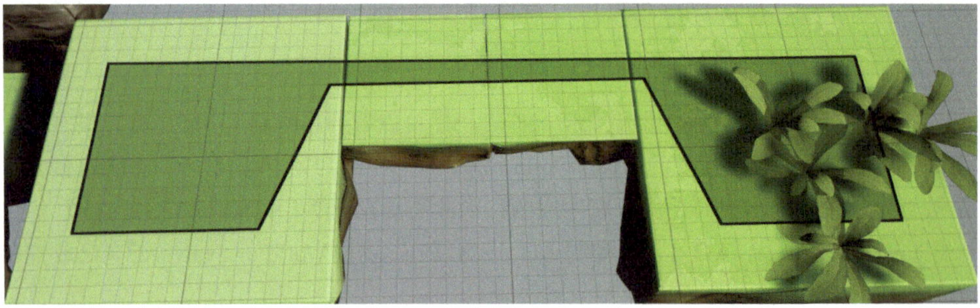

图 7-4

只要机械球位于深绿色路面的范围内，它就可以成功执行跟随功能。

7.1.3　调整和优化跟随路径

现在产生了一些新问题，例如图 7-4 中左右两大块路面的形状并不是正方形而是梯形。虽然实际使用时这个问题带来的影响可能并不大，但是原网格体明明是正方形，这很让人费解。

这时就需要在关卡大纲中找到另一个 Actor【Recast Nav Mesh】（重构导航网格体），它是导航网格体边界体积被放入关卡时自动生成的 Actor，以网格体的形式记录边界体积覆盖范围内系统计算生成的路径信息。我们可以通过修改细节面板中的【Display】（显示）参数来改变路面的外观，例如选中【Draw Poly Edges】（绘制多边形边缘）来显示实际的四边形边缘结构、调整【Draw Offset】（绘制偏移）来改变路面距离网格体表面的显示高度等。

至于路面形状的精细化，则可以通过减小【Nav Mesh Resolution Params】（导航网格体分辨率参数）→【Default】（默认）→【Cell Size】（单元大小）的值，或将【Region

Partitioning】（区域分割）设为【Chunky Monotone】（厚实单音调）后增大【Region Chunk Split】（区域数据块分割）的值或减小【Agent Radius】（代理半径）来实现（图 7-5）。

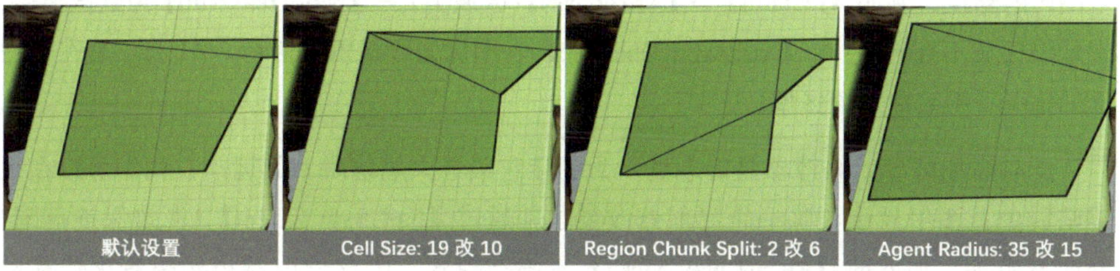

图 7-5

当然，参数的改变可能会导致多边形数量增加，进而增加游戏运行时的系统消耗，因此我们要兼顾路径的准确性和系统资源的消耗量。特别值得一提的是，修改【Agent Radius】要格外谨慎，这个参数表示在路边留出的“保护带”宽度，如果设置得太窄，则有可能导致机械球沿边线运动时撞墙甚至被卡住。

7.1.4 使用半动态导航实时修改局部路面

在【Recast Nav Mesh】→【Runtime】（运行时）→【Runtime Generation】（运行时生成）中定义了路面是预先生成的静态（Static）型还是在游戏中实时计算的动态（Dynamic）型，默认为静态。静态的好处是节省游戏运行时的系统算力，同时由于预先把路面调整到了合适状态，可以在很大程度上避免产生 Bug。但缺点也很明显：想要在游戏进行时对路面进行任何更改都是不可能的。

例如，当机械球的前进路上存在一个移动的火焰陷阱时（图 7-6），作为玩家，我们当然可以轻松预判它的行动轨迹从而绕过去，而机械球则无法分辨。这就需要对路面进行更多细节上的设定。

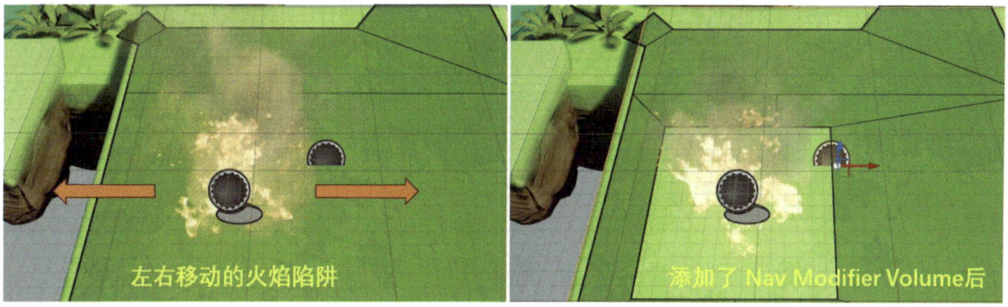

图 7-6

当我们需要对局部路面进行设定时，可以在【Place Actors】中找到【Nav Modifier Volume】（导航修改器体积）并将其添加至火焰陷阱处。导航修改器可以重新定义其覆盖范围内的路径，例如，【Default】→【Area Class】（区域类）→【NavArea_Null】为默认类型，表示该区域不在导航中；【NavArea_Obstacle】表示优先级极低的障碍，AI 若不是在不得已的情况下不会穿过该区域。

此时添加的导航修改器是静态的，为了让它跟着火焰陷阱一起运动，我们可以在火焰陷阱的蓝图组件中添加一个导航修改器，并通过【Fail Safe Extent】（失效保护范围）修改其范围。但此时【Recast Nav Mesh】是静态模式，因此修改器虽然跟着火焰在动但路径不会实时更新。可否把静态模式改为动态？这是个选择，但很浪费系统资源，毕竟整张地图就这一处需要实时更新路径，我们没必要把所有路径都设成动态。因此在【Recast Nav Mesh】中将静态（Static）改成【Dynamic Modifier Only】（仅动态修改器），使修改器之外的路径仍然为静态，只有受修改器影响的区域为动态。

7.1.5 使用全动态路径引导超大地图中的 AI

那全动态（Dynamic）路径有合适的使用情境吗？也是有的，例如当关卡中拥有较多移动的踏板，地图也不是特别大的时候就可以考虑使用全动态路径模式。此外还有一种较特殊的情境，那就是开放世界这种巨大的地图。在【Project Settings】（项目设置）→【Engine】（引擎）→【Navigation Enforcing】（导航强制）中激活【Generate Navigation Only Around Invokers】（仅在导航触发器周围生成导航），使得即使在全动态路径模式下，整个关卡也只会在拥有【Navigation Invoker】（导航触发器）的 Actor 周围生成导航路径。

导航触发器和导航修改器一样都是在蓝图组件中添加的，其最为关键的属性是【Navigation】→【Tile Generation Radius】（瓦片生成半径）和【Tile Removal Radius】（瓦片移除半径）。这两个参数的含义都很好理解，但要注意需保持后者大于前者，这样 Actor 移动时导航范围才能始终保持在一定范围内（图 7-7）。

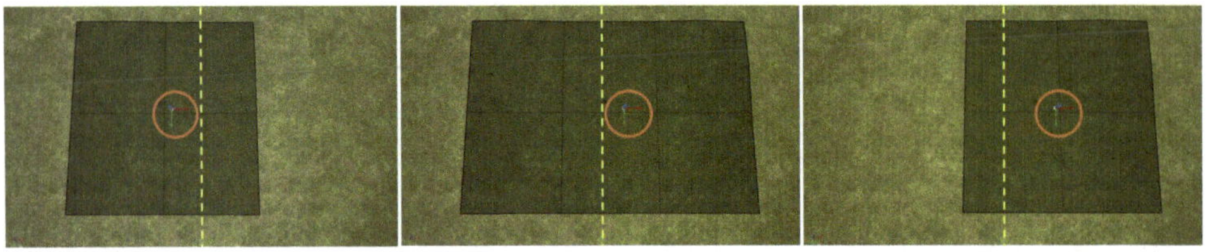

图 7-7

可以看到，当 Actor 位于中线左侧时生成了 4 个导航区块，随着 Actor 向右移动跨过中线，右侧又生成了额外两个区块，但最左侧的两个区块并没有马上消失，直到 Actor 开始远离中线它们才消失。

利用这一功能可以编写开放世界中敌方 AI 追击玩家的事件。例如，在主角蓝图和敌方 NPC 蓝图中都添加导航触发器，那么这两个 Actor 各自移动时都会自带一个导航范围。当两者相距较近时，导航范围会合并在一起，这时如果敌方 NPC 蓝图中编写有“导航范围内发现玩家就发起攻击”之类的代码，就可以触发追击事件；当玩家跑远后，敌方 NPC 则会因为在导航范围内找不到玩家而放弃追击。

7.1.6 让 AI 机械球可以跳过间隔

以上几小节讨论的都是在同一块路面上的情况，即不需要跳跃只依靠走路就能到达目的地的情境。那当没有跳跃就到达不了目的地的时候该怎么办呢？比如图 7-8 中机械球在跟随小白人，当小白人从右侧地面跳到左侧后，虽然两块地面都有导航，但中间隔着一个无导航的区域，因此机械球会在这里卡住不动。

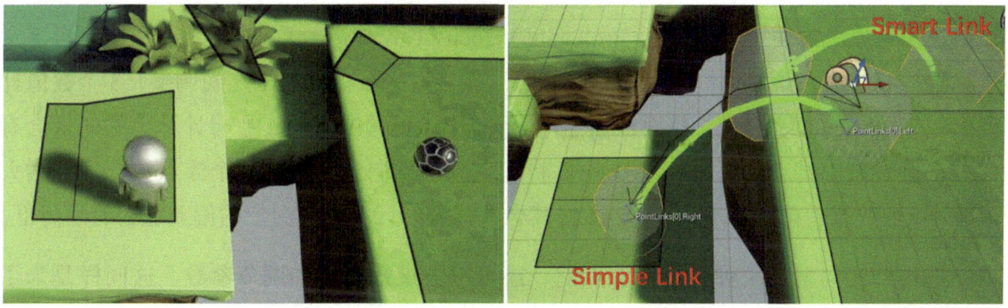

图 7-8

为了处理这种情况，需要用【Nav Link Proxy】（导航链接代理）在两块导航之间构建一个通道，让 AI 将其视作导航的一部分，并让 AI 在接触通道两个端点时触发跳跃动作。我们新建一个导航链接代理的蓝图并将其放置在两块导航之间的连接处，之后调整两个端点的位置。每个导航链接代理中都包含两种链接，即【Simple Link】（简单链接）和【Smart Link】（智能链接），前者就是我们刚才调整端点的那个链接，它不能编写自定义事件，因此我们不需要它。我们需要的是被隐藏起来的智能链接，通过单击细节面板中的【Smart Link is Relevant】（智能链接为相关）来显示它。

智能链接和简单链接的位置是相互独立的，因此还要再单击一下细节面板中的【Copy

End Points from Simple Link to Smart Link】（将端点位置从简单链接复制到智能链接）来设置智能链接的位置。之后就可以打开智能链接的蓝图，编写 AI 到达端点时触发的事件【Event Receive Smart Link Reached】（图 7-9）。

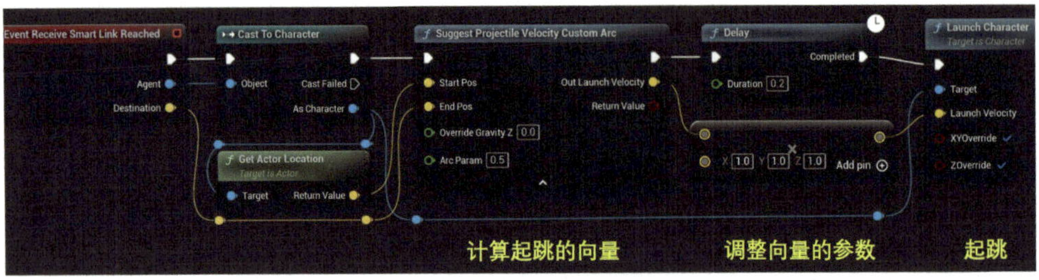

图 7-9

AI 是 Character 类对象，所以可以用【Launch Character】（弹射角色）让它起跳，但仍然需要计算起跳的向量。当然，如果需要使用通道的地点寥寥无几，那手动估测一个向量填进去也可以，不过我们建立这个蓝图的初衷是将其应用在不同通道中，因此就需要更具普适性的计算方法。

这里可以考虑使用【Suggest Projectile Velocity Custom Arc】（建议发射物速度自定义弧）根据起跳点、落地点以及【Arc Param】（弧参数，可在 0 和 1 之间调整）3 个数值计算出一个可用的起跳向量。然而根据 AI 体形、原点位置的不同，有时计算出的向量会有偏差，这时可以试着用【Break Vector】将起点或落点向量分解成 3 个浮点数，适当增大或减小 z 轴数值后再用【Make Vector】将其合并，看看计算出的向量的偏差能否有所降低。

把得到的向量连至弹射角色节点前，还可以尝试乘以一个调节参数，这同样是为了降低向量的偏差。当然这些参数都可以设为公开变量，针对不同地点（甚至不同 AI 对象）赋予不同数值。

7.2 赋予 AI 机械球攻击技能

上一节用了较大篇幅来讲解 AI 如何在关卡中自行移动，因为能像玩家操控那样精确移动是 AI 执行各种任务的基础。接下来我们就要开始了解当任务逐渐变得复杂时，应该如何应对。本节我们先给机械球增加一个自动攻击目标的功能。

7.2.1 用行为树和黑板强化 AI 控制器

通过对前一节的学习我们已经知道，AI 控制器拥有很多可靠的组件来确保 AI 的基础功能，例如寻找路径。当需求增加时，它还可以通过添加组件和启用行为树两种方法进一步强化自身的功能，尤其是行为树（Behavior Tree），它毫无疑问是 Unreal Engine 5 中实现复杂 AI 最强有力的保障。

首先在新建菜单的【Artificial Intelligence】中找到【Behavior Tree】（行为树）和【Blackboard】（黑板），这两个工具是成对使用的：行为树负责分析各种任务（task）的优先级并随时调整执行顺序，黑板则负责记录行为树执行期间需调用的各种变量。

打开行为树编辑器，首先需要在细节面板中确定正确绑定了黑板，之后就可以在行为树图表区内通过下拉箭头添加节点来设定 AI 的任务顺序了（图 7-10）。

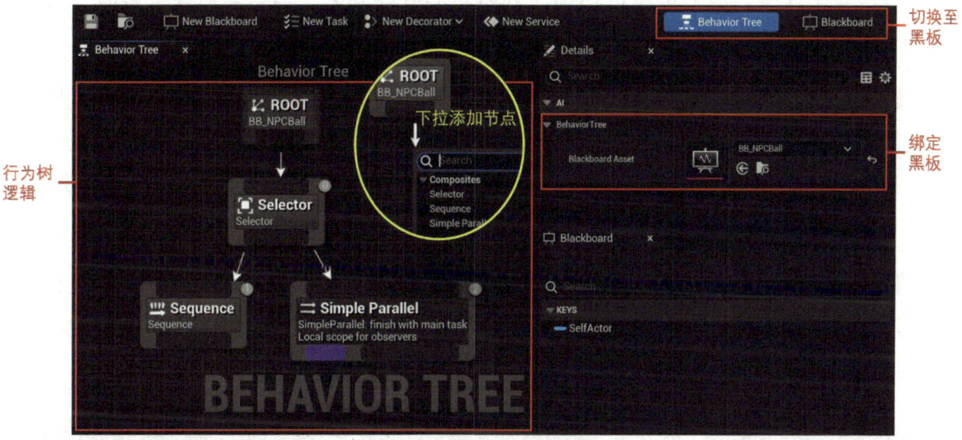

图 7-10

行为树的执行按层级进行，执行决策由上往下像流水一样依次分发给各级节点。【Root】（根）节点是每棵行为树的原点，它既是决策流的起点，也是终点。决策从根节点下发后，会一直“流”到某个末级节点，当该节点判定任务完成后便将决策返还给自己的父节点，直到决策回到根节点并开始下一轮。根节点下方仅可连接一个子节点，且该节点只能是【Selector】（选择器）、【Sequence】（序列）、【Simple Parallel】（简单并列）这 3 个合成节点中的一个。每个合成节点下可以并联多个任务节点（或合成节点自身），按照从左到右的顺序依次执行。3 个合成节点对并联任务的处理方式各不相同。

1. 【Selector】（选择器）：当一个选择器下方从左至右有多个任务时，选择器会在某个任务成功执行后判定整个选择器的任务已完成，随即放弃该任务右侧的所有任务，并将决策交还给自己的父节点。该合成节点适合用在优先级依次递减的并列任务选择中，例如当机械球拥有给玩家恢复生命值、攻击敌人、跟随玩家这 3 个优先级依次递减的任务时，我们就可以使用选择器把它们并联起来。当玩家生命值低时，它会优先执行恢复任务，如果玩家生命值一直低下，它就会一直执行恢复任务。其次是攻击任务。只有当玩家不需要恢复生命值且周围也没有敌人时，它才会执行跟随任务。

2. 【Sequence】（序列）：如果说选择器的执行逻辑是筛选出第一个成功执行的任务，那序列则是筛选出第一个执行失败的任务，之后判定整个序列的任务已完成，随即放弃该任务右侧的所有任务，并将决策交还给自己的父节点。该合成节点适合用在一系列有先后顺序的任务上，例如机械球攻击敌人，需要经历搜索对象、瞄准、攻击、等待 4 个任务，我们就可以使用序列将它们并联起来。当搜索对象失败时，后续 3 个任务就会被废弃。

3. 【Simple Parallel】（简单并列）：能同时设置一个主任务和一系列与其并行的节点，并行的节点也可以理解为在主任务幕后运行的节点。由于行为树的决策流总的来说还是单一任务驱动，因此同时执行两条任务线的情况很少见。选择器和序列才是合成节点的主力，简单并列可以视需要来用。

接下来我们试着用行为树编写机械球跟随主角的任务。由于只有一个任务，无论用选择器还是序列都无所谓，而跟随任务在行为树中也有内置的节点【Move To】（移动至）可直接调用（图 7-11）。

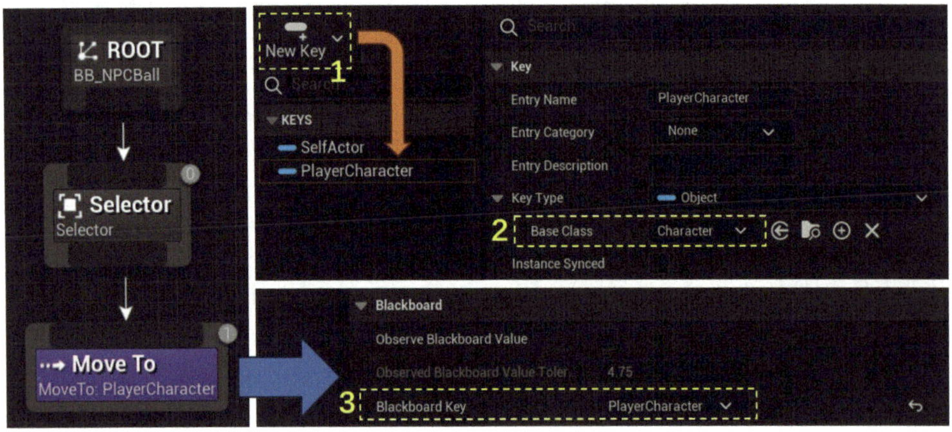

图 7-11

【Move To】节点只有一个变量，即移动目标，也就是其细节面板中【Blackboard】（黑板）→【Blackboard Key】（黑板键）的值。目前黑板中只有【SelfActor】一个键值，因此我们要先在黑板中新建一个键值，并将其【Key Type】（键类型）→【Base Class】（基类）设为与主角对应的 Character 类，之后就可以使用该键值了。

我们还需要在机械球的 AI 控制器蓝图中启用行为树，同时给刚才新建的黑板键值赋一个值。这当然是两个独立的操作，只是顺便放在了一起（图 7-12）。

图 7-12

我们用【Event On Possess】（事件控制时）节点启动事件。这个节点在 AI 接受控制时就会触发，比【Event BeginPlay】还要早。并且它自带一个【Possessed Pawn】引脚，有时可以很方便地用来引用控制对象。之后简单地使用【Run Behavior Tree】（运行行为树）节点启用行为树即可。

给黑板键值赋值首先用【Get Blackboard】（获取黑板）引用黑板变量，之后用【Set Value as XX】（将值设为 XX，此处 XX 指代不同键值类型）设定键值。从图 7-11 中可以看出，我们新建的键值类型是 Object（对象），因此这里使用对象的设定节点，同时其引脚还需要填入【Key Name】（键值名称）和【Object Value】（对象值）。特别注意此处的键值名称务必与黑板中该键值的名称保持一致。

7.2.2　自定义机械球攻击敌人的行为树任务

将 AI 移动至目标处我们直接使用了行为树的内置任务。这样的通用内置任务还有很多，例如【Wait】（等待）、【Play Animation】（播放动画）等。但更多时候我们需要自定义任务，比如机械球攻击目标这种非常特殊的任务。

单击图 7-10 工具栏中的【New Task】（新建任务）来新建任务。我们把新建的任务和【Wait】（等待）依次挂在序列下方，实现机械球“攻击 1 次冷却 2 秒”的技能，进入新建的任务的蓝图编辑界面编写攻击事件（图 7-13）。

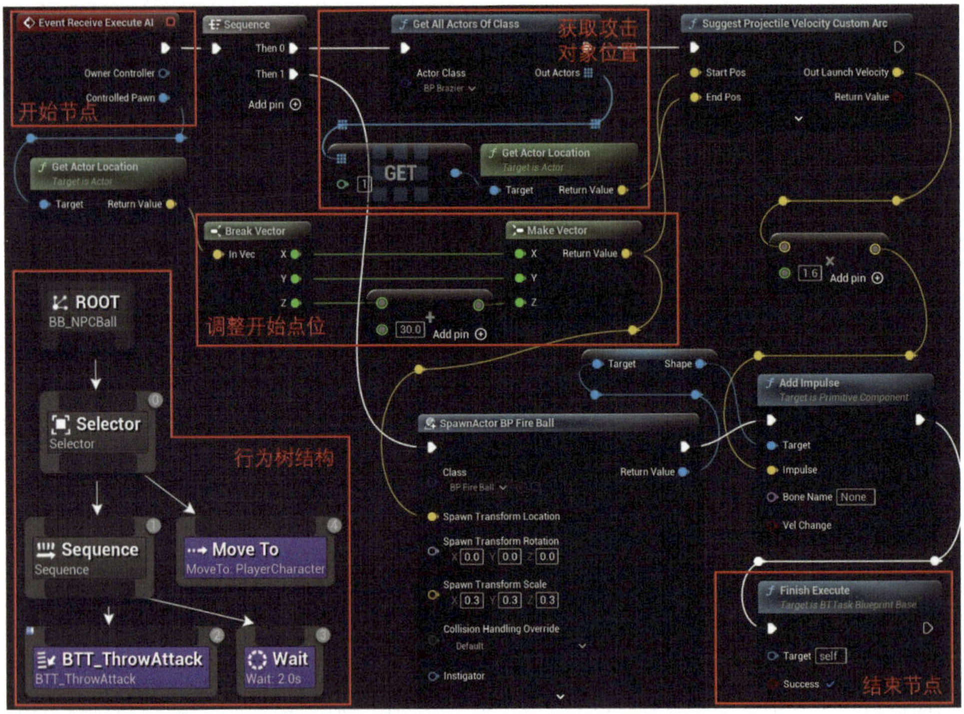

图 7-13

行为树任务的事件开始节点和普通蓝图不同，常用的有【Event Receive Execute】（事件接收执行）和【Event Receive Execute AI】（事件接收执行 AI）两种，这两个节点的引脚不同。这里由于需要 AI 的位置，因此使用具备【Controlled Pawn】引脚的【Event Receive Execute AI】节点。

至于攻击行为，上一章我们编写过一个扔“火球”的技能，让我们拿来用一下，将其改成让 AI 扔火球。这里需要一个扔出的向量，正好又可以借助上一节用过的【Suggest Projectile Velocity Custom Arc】（建议发射物速度自定义弧），根据机械球的位置和攻击对象的位置算出一个合适的向量。为了简化流程，我们暂且随意在关卡中放置了一个 Actor 作为攻击对象。

除了事件开始节点外，行为树任务还需要一个事件结束节点，对应开始节点“接收执行”的结束节点是【Finish Execute】（完成执行）。注意它有个【Success】（成功）引脚，在没有适合的布尔变量时，需要手动勾选，否则行为树的决策流会一直卡在这里无法结束。

7.2.3 给行为树的分支增加执行条件

在刚才的游戏中，机械球被召唤出来后会一直不停地朝目标抛掷火球。这是因为选择器下的第一个节点（Sequence）一定会成功（图 7-13），而当其成功后选择器就会判定自身任务完成，并将决策返还给根节点，然后根节点再次下发决策给选择器……如此循环往复。造成的直接结果就是选择器的第二个任务【Move To】永远无法触发。

因此，如果我们想干预决策流的流向（包括强制决策流流向某个任务和阻止决策流流向某个任务两种情况），就需要给它添加一个带有各种筛选条件的【Decorator】（装饰器）。最常用的是黑板，可以在选中节点后单击鼠标右键，在弹出的菜单中选择【Add Decorator】（添加装饰器）→【Blackboard】（黑板），或者其他功能各异的装饰器，例如用【Check Gameplay Tags On Actor】（查看 Actor 是否拥有某标签）查看某 Actor 是否带有特定的标签，用【Time Limit】（时间限制）给某节点设定一个时间限制等。

这里我们要用到的装饰器是【Is At Location】（是否处于某位置），将其键值设定为图 7-11 中代表主角小白人的对象值，再配合设置一个合适的【Acceptable Radius】（可接受半径）参数，可以让机械球每次攻击前都判断一下自己是不是跟随在主角身边：如果是，它就会继续执行攻击任务；如果不是，它就会放弃攻击，转而执行【Move To】跟随任务（图 7-14）。

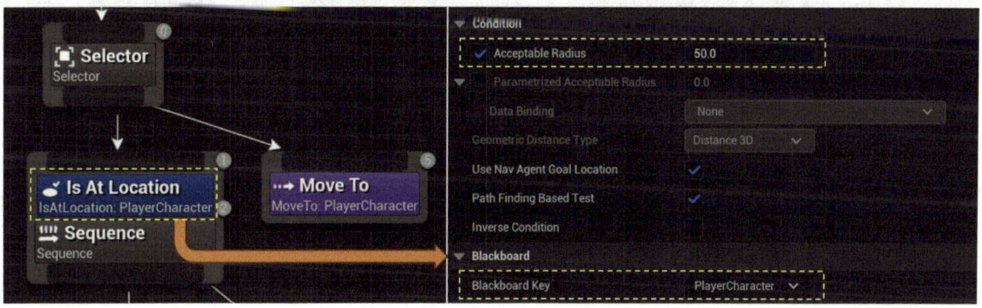

图 7-14

7.3 赋予 AI 机械球搜索敌人的功能

上一节我们说过，增强 AI 控制器的方法除了启用行为树之外，还有添加特定组件。如果说行为树是赋予 AI 各种肉眼可见的任务，那组件就是在后台丰富 AI 的辅助功能。

本节我们给机械球增加一个搜索攻击对象的技能。

7.3.1　启用 AI 的听觉感知功能

给 AI 增加搜索技能的组件叫【AIPerception】（AI 感知）。它可以帮助 AI 感知多种刺激，例如视觉、听觉、伤害等——当然，这绝非用眼睛或耳朵来确认事件的发生。除了视觉外，它都是靠蓝图节点“报告”一个刺激来确认一个事件的发生的。视觉的感知较为特殊，系统会给 AI 设定一个搜索范围，查找这个范围内所有的 Pawn 类对象和 Character 类对象。如果想让普通 Actor 也成为感知对象，则要给这些 Actor 添加一个【AI Perception Stimuli Source】（AI 感知刺激源）组件。

AI 感知可以设定一个【Dominant Sense】（主导感官），确保当出现多个感官报告反馈时，优先处理主导感官的反馈而不至于发生不可预料的冲突。之后在【Senses Config】（感官配置）中单击“+”添加希望 AI 接收的感官反馈类别（图 7-15）。

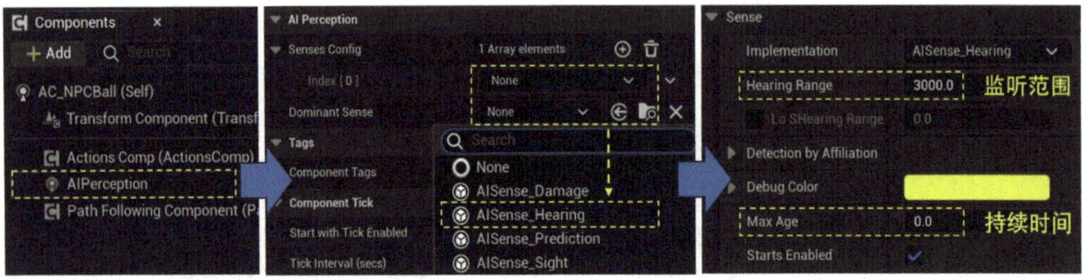

图 7-15

至于机械球的搜索技能，视觉和听觉是两种实现该技能最常用的感官，我们就以【Hearing Config】（监听配置）为例吧。需要注意的听觉参数有 3 个：其一是【Hearing Range】（监听范围），这个无须解释；其二是【Max Age】（持续时间），表示 AI 多久忘记这个声音，0 表示永远记得；其三是【Detection by Affiliation】（按归属检测），它包括【Detect Enemies】（检测敌人）、【Detect Neutrals】（检测中立）和【Detect Friendlies】（检测友方）3 个复选框。截至 Unreal Engine 5.3 版本，尚无有效的蓝图方法来区分使用这 3 个参数，因此务必全部启用，以确保 AI 接收所有有效声音。

我们可以在 AI 控制器蓝图中调用【On Target Perception Updated】（目标感知更新时）事件来设定当目标释放出有效刺激（Stimulus）时 AI 该做出什么样的反应。由于这个事件会收集所有感官刺激，因此首先要用【Get Sense Class for Stimulus】（从刺激物获得感官类）区分刺激的种类（图 7-16）。

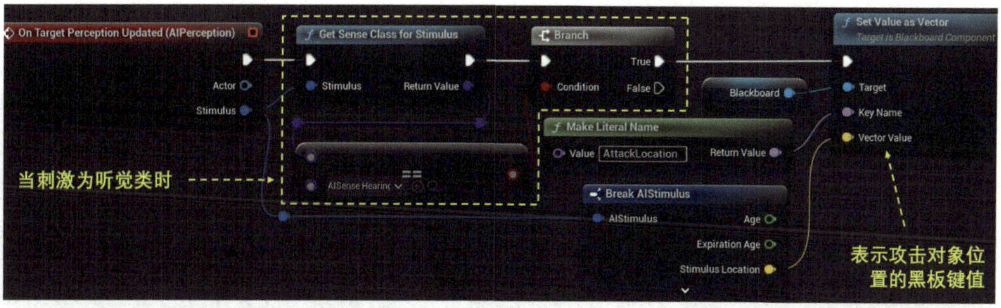

图 7-16

之后我们将刺激的结构分解（Break），调用其中的【Stimulus Location】（刺激位置），将其设定为表示攻击对象位置的黑板键值（需要事先在黑板中新建一个向量键值），再转到图 7-13 所示的蓝图，将其中“获取攻击对象位置”的部分替换一下，变成从黑板键值调取攻击对象位置（图 7-17）。这样就完成了从 AI 接收刺激开始到执行反馈任务的流程。

图 7-17

7.3.2 实现 NPC 通过听觉刺激触发被 AI 攻击

上述操作使得无论是什么 Actor，只要能向 AI 报告听觉刺激，就会被 AI 当作攻击对象，并开始朝它所在的位置扔火球。比如我们复制一个主角小白人，替换它的材质，把它变成一个小黑人，并删掉所有的玩家操控事件，让它变成敌人 NPC。那么只要它持续发出声音，就会被机械球一直攻击。

接下来让小黑人报告一个听觉刺激。这实现起来也很简单，在小黑人的蓝图中用【Report Noise Event】（报告噪声事件）设置一下事件发生的位置和发生对象即可（图 7-18）。在报告后，系统就会判断事件发生的位置和 AI 之间的距离是否在 AI 听觉感知的范围内，如果在的话，小黑人发出的声音就会形成图 7-16 中的听觉刺激，如果不在，该声音就会被忽略。

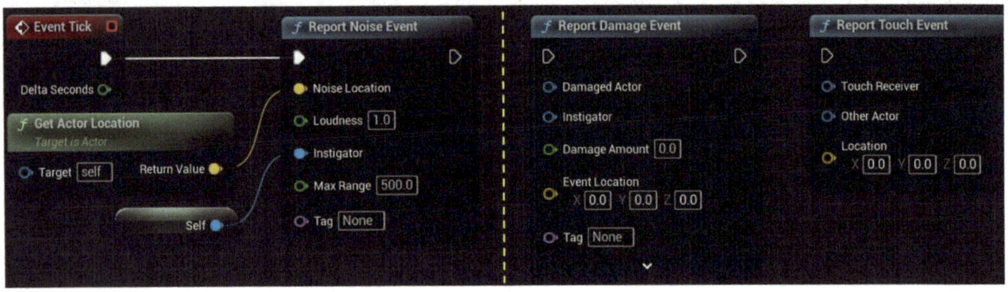

图 7-18

类似这样通过“报告”的形式生成感官刺激的，还有伤害刺激（Damage）和触摸刺激（Touch），它们都是【AI Perception】组件响应对象的一部分。在实际游戏制作过程中，使用便捷的节点也常常被放在其他地方。例如在使用动画蒙太奇时，我们曾经在动画的特定播放时间点插入【Notify】(通知）来生成白球并抛出。同样，我们也可以在跑步、打击等动作发生的时间点插入报告听觉刺激的自定义通知，甚至报告的同时还可以真的播放一段音频文件。

至此，机械球受到听觉刺激对敌人（小黑人）发起进攻的功能的主干部分就完成了。当然，有主干就有枝叶，我们还有一些需要完善的地方。比如，现在机械球只要在小白人身边，无论有没有敌人发出声音，它都会不停地朝自身所说位置扔火球。我们显然希望它能在发现敌人后才发起攻击，因此可以在图 7-14 原有装饰器【Is At Location】的基础上再增加一个黑板装饰器（图 7-19）。

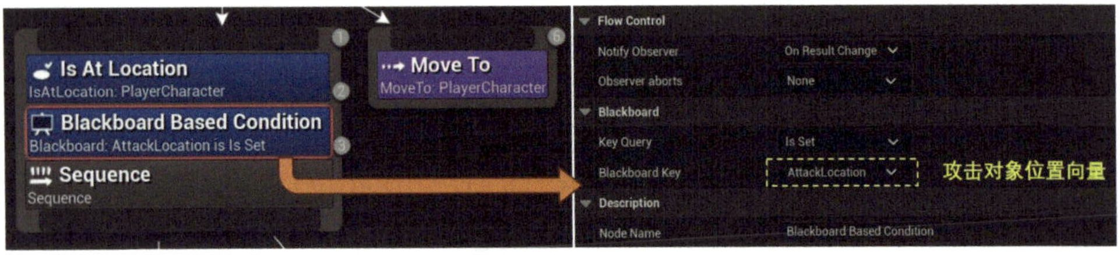

图 7-19

序列节点右侧的数字表示装饰器的执行顺序，也就是说任何一个装饰器没有通过都会导致整个节点的执行被废弃。我们刚添加的黑板，需要观察的键值是攻击对象的位置向量，看它是【Is Set】（已设置）还是【Is Not Set】（未设置）。黑板键值和一般变量的其中一个区别是它没有默认值，也就是说一开始是处于未设置状态的，当被赋予任意数值后，才会变成已设置。利用这一点可以控制决策流，使其只有在攻击对象出现后才能继续执行。

还有一个当前无须使用却很重要的设置是【Flow Control】（流控制）→【Observer aborts】（观察器中止），它有【None】（无）、【Self】（自身）、【Low-Priority】（低优先级）和【Both】（两者）4 个选项。从词的表面意思上看很难理解它有什么作用，其实它是指当作为观察对象的黑板键值发生变化时，行为树会采取什么操作来干预决策流。4 个选项分别表示不干预、废弃自身节点、废弃自身节点右侧的所有同级节点，以及废弃包括自身节点在内的所有同级节点。

黑板键值的变化也分两种，即在【Notify Observer】（通知观察器）中可选择的【On Result Change】（结果改变时）和【On Value Change】（值改变时）。前者是指键值在已设置和未设置之间的改变，后者是指已设置的键值在数值上发生改变，例如从一个向量变成另一个向量。当然，对于某些类型的键值来说，这两种方式并无区别，比如布尔值。

最后，既然黑板键值有已设置和未设置两种情况，那就必然存在一个问题：当 AI 机械球首次接收到攻击对象的位置后，这个键值就会一直存在，此后无论攻击对象消失与否，AI 都会持续攻击。为了避免这一问题，我们还需要一个任务专门用来负责清除黑板键值，将黑板键值还原成未设置状态（图 7-20）。

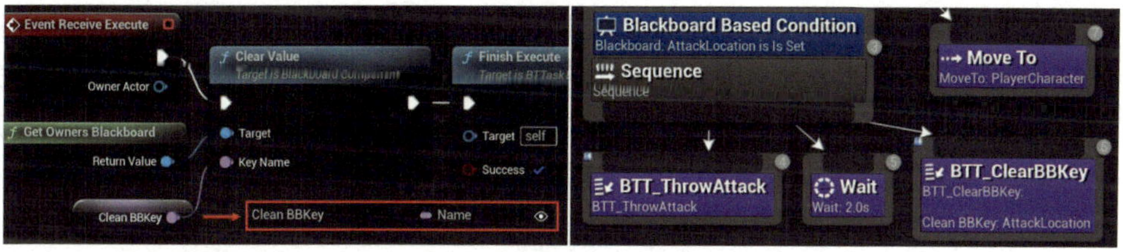

图 7-20

在清除黑板键值蓝图的【Clear Value】（清除数值）节点中，将【Key Name】（键值名）引脚提升成变量并公开后，可以在行为树调用该任务时手动输入键值名，这样这个任务就可以用来清除各种不同的黑板键值了。

7.3.3 监测 AI 在游戏运行时的状态

AI 系统涉及大量在后台自动运行的内容，因此它们在游戏中遇到 Bug 的概率通常会很高。作为游戏开发者，我们需要实时监测游戏运行时的各项 AI 数据，例如机械球是否正确捕捉到了各种感官刺激、行为树的决策流当前执行到了哪里等。

要想知道行为树的实时运行情况，可以将需要观察的行为树窗口调整到合适大小，摆放在关卡右侧，之后启动游戏。当行为树开始执行时，它会把当前决策流用黄色高亮标示出来（图 7-21）。

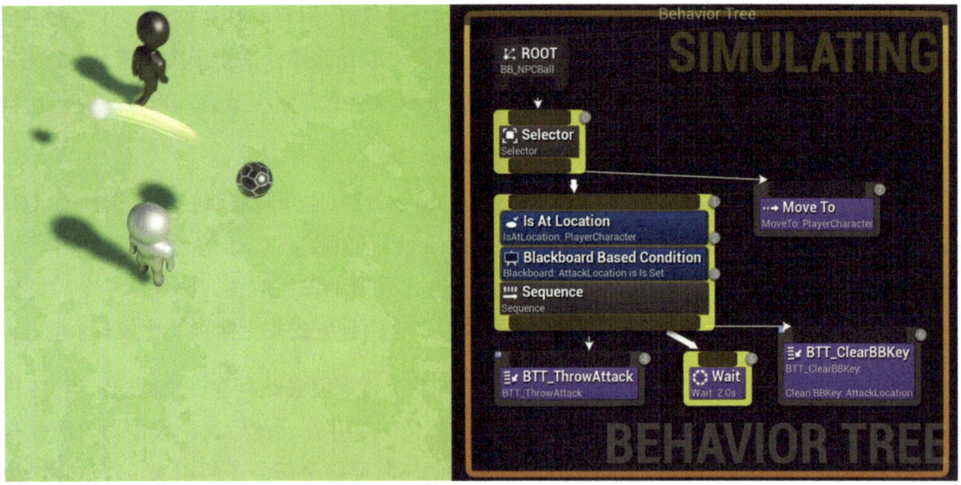

图 7-21

此外，我们在游戏运行时按回车键左侧的引号键，可以激活【Gameplay Debugger】（游戏性调试器）模式，之后通过按小键盘上【0】到【5】这些数字键可以切换（或关闭）不同的监测项目，【4】为感官刺激的监测（图 7-22）。如果使用的是没有小键盘的笔记本电脑，则需要在【Project Settings】（项目设置）→【Engine】（引擎）→【Gameplay Debugger】→【Input】（输入）中修改切换监测项目的快捷键。

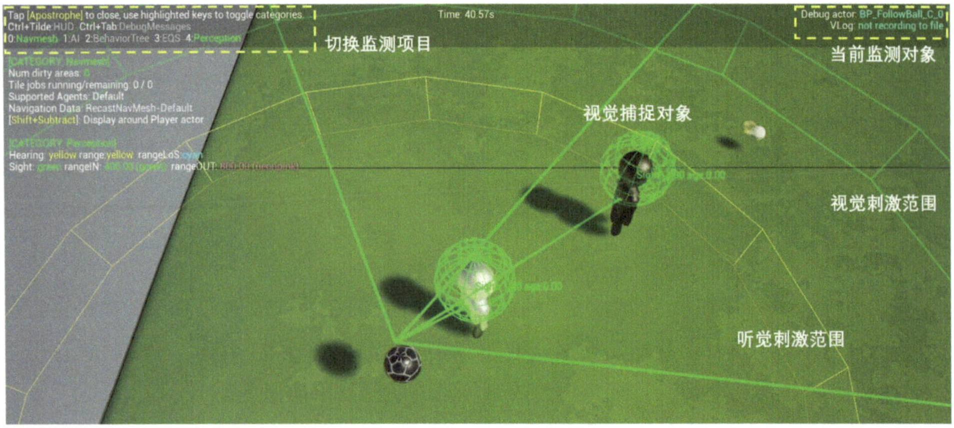

图 7-22

例如图 7-22 所示就是启用了视觉（绿色）和听觉（黄色）两种感官后，机械球对出现在自己视觉范围内的小黑人的捕捉情况。此外，当关卡中存在多个 AI 时，可以先按引号键取消当前监测，再将主人公对准想要监测的 AI，再次按引号键即可重新选择监测对象。

7.4 用 EQS 设置敌人 NPC 的复杂行动

在上一节中我们设置了一个小黑人作为敌人 NPC 来接受我方的攻击。理想情况下，当小黑人发现自己在被攻击时应该会做出反馈，例如尝试躲开或逃离。在人类眼中，这要结合攻击路径、周围地形等信息进行判断，而在 Unreal Engine 5 的 AI 眼中，这需要小黑人在地面的不同位置有不同的移动权重才能进行判断。能给小黑人的行为树附加这一功能的是 EQS（Environment Query System，环境查询系统）。

7.4.1 新建一个 EQS 并开启调试

在内容浏览器的新建菜单中找到【Artificial Intelligence】（人工智能）→【Environment Query】（环境查询），新建并打开后可以看到一个类似行为树的编辑界面（图 7-23）。

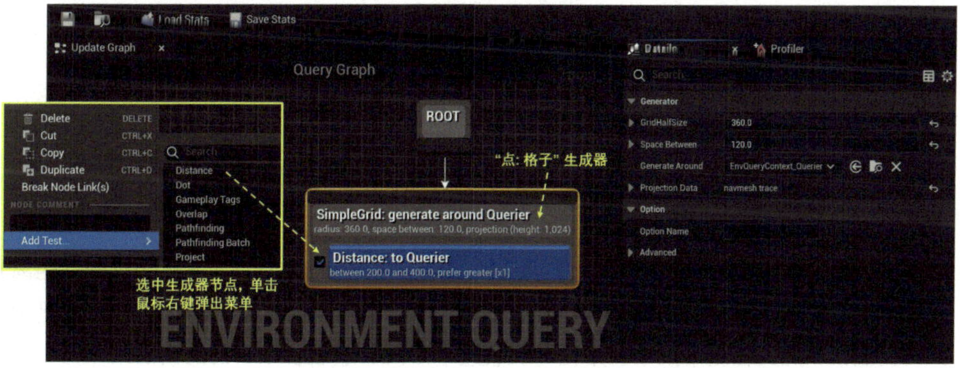

图 7-23

和行为树不同的是，每个 EQS 只有两级节点，即【Root】（根）节点以及延伸出的【Generator】（生成器）节点。生成器可以在指定对象（通常是 AI 自己）周围生成不同形状的点阵图，并通过细节面板设置点阵的数量和密度，例如图 7-23 使用了最常用的【Points: Grid】（点：格子）生成器。

由于 EQS 是在游戏运行中才会生效的功能，为了在游戏编辑阶段也能观察点阵，我们需要新建一个特殊的 Pawn 类型蓝图——【EQS Testing Pawn】。把它放在关卡中，并在其细节面板的【EQS】→【Query Template】（查询模板）中调用刚才新建的 EQS，即可看到出现在关卡中的淡蓝色点阵（图 7-24）。

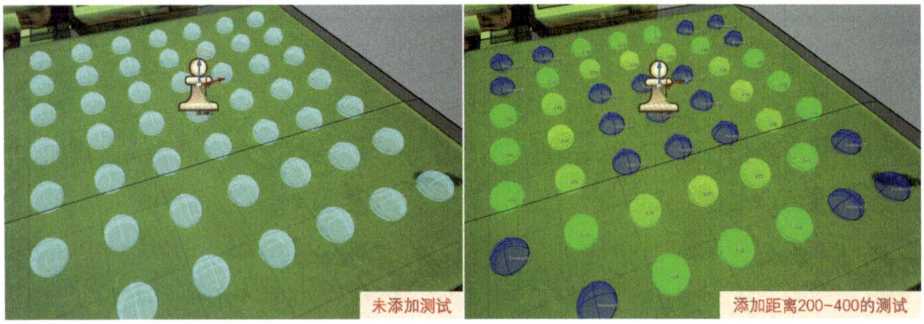

图 7-24

图 7-24 是一个【Grid Half Size】（网格半大小）为 360、【Space Between】（之间的空间）为 120 的网格点阵。之后 AI 就会以图中的点位为目标点，判断自己应该移动至哪里。而判断的依据，就是图 7-23 所示的在生成器节点上添加的【Test】（测试）。在本示例中，我们添加了一个【Distance】（距离）测试，通过设置【Filter】（过滤器）的最小值和最大值分别为 200 和 400，让 AI 仅以距离自己在这个范围内的点位为移动目标（图 7-24 中的绿点和黄点），而排除此范围之外的点位（蓝点）。

和装饰器一样，根据需要可以同时添加多个测试。

7.4.2　添加游戏运行中会实时改变的测试

生成器参数中【Generate Around】（周围生成）与测试参数中【Distance To】（到此距离）的数值均为【EnvQueryContext_Querier】（加载 EQS 的对象，通常是 AI 自己），也就是说，如果我们让小黑人在觉察到攻击路径时加载这个 EQS，它就会以自己的当前站位为中心，跑向一个距离该中心较远的点。这个逻辑没什么大问题，但受攻击者应该只会跑向远离攻击者的点位，而不是靠近攻击者的点位。因此我们有必要再添加一个测试来排除靠近攻击者这一边的点。

测试【Dot】很适合做这件事，它的原理是用两条线的夹角给周围点位打分。默认条件下【Line A】表示从 AI 正面射出的线，【Line B】表示 AI 和任意点位相连的线，根据这两条线间 (0°, 180°) 的角度，为该点位赋予 (1, −1) 的数值（图 7-25）。

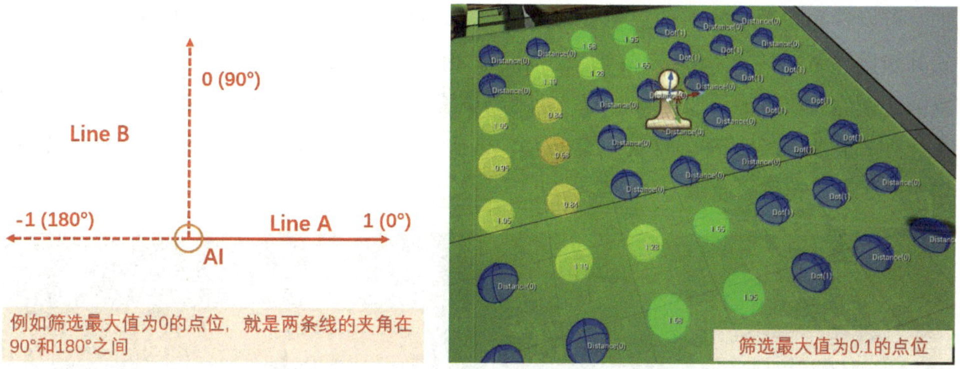

图 7-25

之后在测试的细节面板中把【Filter】→【Filter Type】（过滤类型）设置为【Maximum】（最大值），把【Float Value Max】（最大浮点值）设为 0.1，就可以排除前方的点位了。

当然这只能算是准备工作，毕竟我们的目标是排除 AI 与攻击者（机械球）这条连线上的点位，因此需要将【Line A】的【Mode】（模式）也设为【Two Points】（两点），【Line From】（线条来自）就是【Querier】即 AI 自己，问题是【Line To】（线条前往）并没有合适的参数能指向机械球。这里需要我们在内容浏览器的新建菜单中找到并新建【EnvQueryContext_BlueprintBase】，编写自定义参数。

打开之前新建的蓝图，重载【Provide Single Actor】（提供单一 Actor）函数。由于机械球只会在游戏运行中出现，即使现在把指向它的函数编写好，也无法测试效果，因此我们先借用一下场内的小黑人，写一个测试函数（图 7-26）。编写完成后，在【Dot】测试【Line A】的【Line To】中调用它。

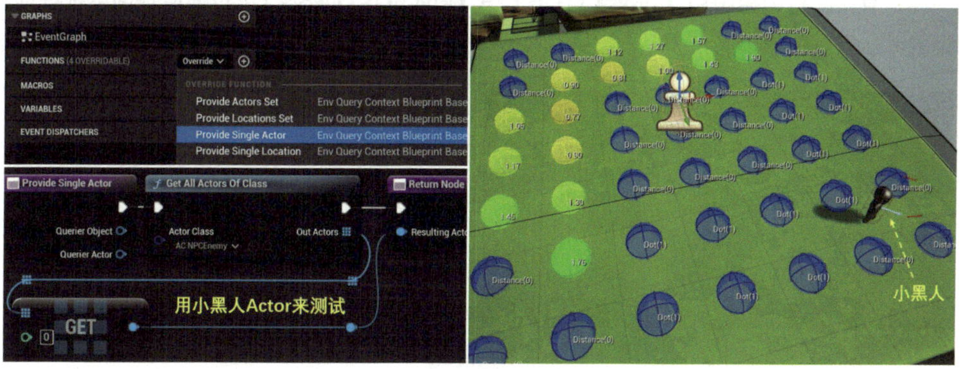

图 7-26

可以看到靠近小黑人的点位被排除了，这证明前面的方法是可行的，接下来可以正式开始设计 AI 对机械球攻击的响应逻辑了。由于机械球只有在发起攻击时才对 AI 产生威胁，因此获取机械球发出攻击那一瞬间的位置并将其存放在 AI 的黑板键值中，将其用于计算 EQS 是最合适的。这就需要把图 7-26 中的函数换成【Provide Single Location】（提供单一位置）并进行重载（图 7-27）。

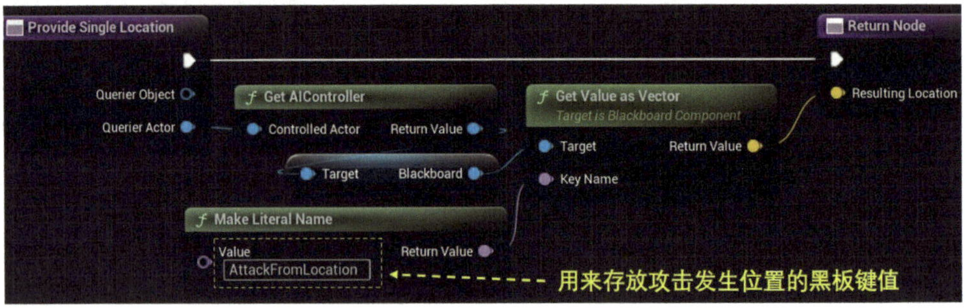

图 7-27

小黑人的使命暂告一段落，正式运行游戏之前别忘了把它删掉，不然它也会成为机械球的攻击目标。

还有一个问题是：AI 要如何获取机械球发起攻击那一瞬间的位置？可以考虑给 AI 装备上听觉感知功能，并让机械球在发起攻击的瞬间报告一个噪声事件。

7.4.3 启用设置完成的 EQS

最后就是启用 EQS 并在行为树中完善 AI 躲避攻击的节点了。EQS 可以像普通任务一样，直接在行为树中用【Tasks】（任务）→【Run EQS Query】（运行环境查询系统查询）设置并运行（图 7-28）。

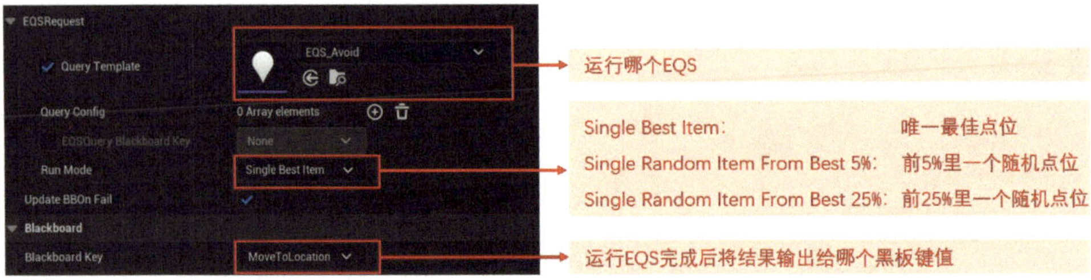

图 7-28

细节面板中需明确所使用的 EQS 是哪个，并设定一个黑板键值作为运行完成后的结果输出对象。之后我们用一个序列节点将计算 EQS 并输出指定点位、AI 跑向该点位、等待 2 秒、清除进入躲避状态的条件这 4 个节点串联起来作为躲避机械球攻击的整个反应行为。

而判断是躲避攻击还是继续从容巡逻（Patrol 序列节点）的条件，正是被用作装饰的黑板键值——【AttackFromLocation】（图 7-27 中用于存储攻击发生位置的键值）。当该键值被设定（Is Set）时则进入躲避攻击行为，当该键值没有被设定时则进入巡逻行为（图 7-29）。

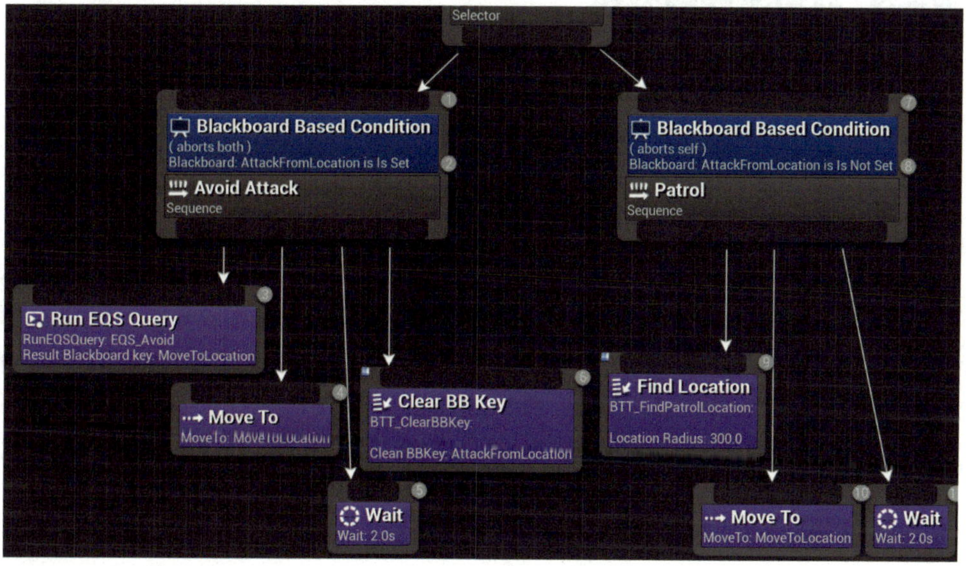

图 7-29

当然仅仅这样是不够的，我们需要考虑一种可能性，即 AI 在躲避攻击时，机械球又发射了第二颗炮弹。这时虽然【AttackFromLocation】这个键值发生了改变，但由于行为树上一轮还没执行完，因此 AI 不会对第二颗炮弹产生反应。巡逻也存在同样的潜在问题：如果攻击的发生时间刚好在 AI 进入巡逻状态之后一点点，那么 AI 则会继续老老实实地巡逻而不会对突如其来的炮弹做出任何反应。这两种情况显然都不符合常理。

解决这一问题的关键在于，既然【AttackFromLocation】这个键值的改变会对 AI 的行为产生影响，那我们就不能只在一开始进行一次判断，而是要保证在后台不停地监测这个键值，一旦其发生改变，则应立刻中止 AI 当前的行为，将决策发回父节点重新运行下一轮。

我们其实已经和它的实现方法打过一次照面了。还记得在 7.3.2 小节中我们提到过的【Observer aborts】（观察器中止）设置吗？现在轮到它出马了。将【Notify Observer】（通知观察器）设置成【On Value Change】（值改变时），并将左右两个状态节点的【Observer aborts】分别设为【Both】（两者）和【Self】（自身），这样只要键值发生改变，无论 AI 处于什么行为中，任务都会立刻中止，且 AI 会迅速进入新的状态中。

7.5 打包完成的游戏

经历了漫长而充实的 7 章学习，我们的游戏制作历程终于要结束了。最后一节将简单介绍一下如何把游戏打包（Packaging）成可分享或发行的产品。

7.5.1 游戏打包的基本设置

在一切开始前我们要确保打包成产品的内容都是游戏所必需的。虽说 Unreal Engine 5 不会将内容浏览器中没有使用的内容塞进成品里，但它并不知道哪些关卡才是真正的游戏关卡。因此如果存在演示关卡这类资产，那它们也会被打包。可以在【Project Settings】（项目设置）→【Packaging】（打包）→【Advanced】（高级）→【List of maps to include in a packaged build】（打包版本中要包括的地图列表）中添加需要打包成游戏的关卡。此外建议将项目设置中的【Packaging】（打包）→【Project】（项目）→【Full Rebuild】（完整重编译）也勾选上，这样当项目改动较大时有助于避免 Bug。

之后在关卡主工具栏的【Platforms】（平台）→【Windows】中选择【Shipping】（发行），并单击【Package Project】（打包项目）便可启动打包流程。

7.5.2 打包失败时的解决方法

打包开始后屏幕右下角会出现表示打包进展的提示框（图 7-30）。

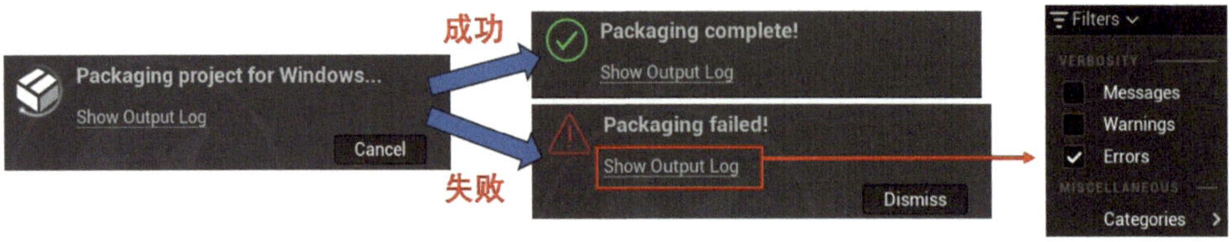

图 7-30

打包完成后该提示框会提示打包结果，如果得到的是失败提示，那就需要单击【Show Output Log】（显示输出日志）查看究竟是哪里出了问题。日志中共有3种信息，可以用【Filters】（过滤器）分别查看。【Messages】（消息）是无须关注的正常信息；【Warnings】（警告）是系统认为我们应该留意一下但不会影响游戏正常运行的信息；【Errors】（错误）则等同于Bug，需要修复。

有趣的是，【Errors】也是分门别类的，一些专业性很强的错误往往不怎么可怕，不起眼的小错误反而会直接导致打包失败。例如是否使用了第三方插件，但忘记把它放进项目的Plugin文件夹里了？项目路径是否超过了256个字符？最可怕的是日志一切正常，突然一条红色的【Unknown Error】凭空出现后提示打包失败……

因此对自己制作游戏的过程中每一步究竟都做了些什么需要做到心中有数。